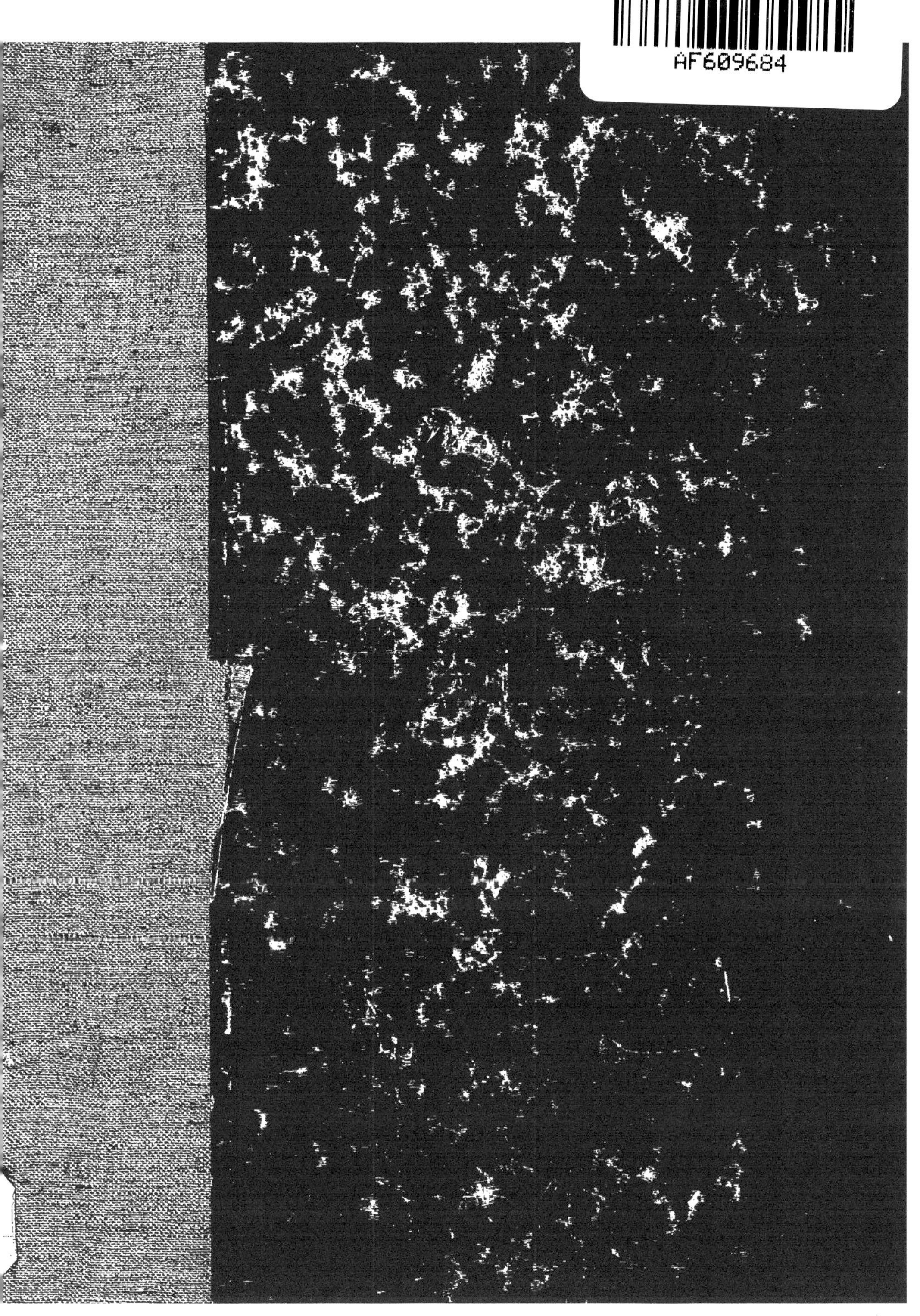

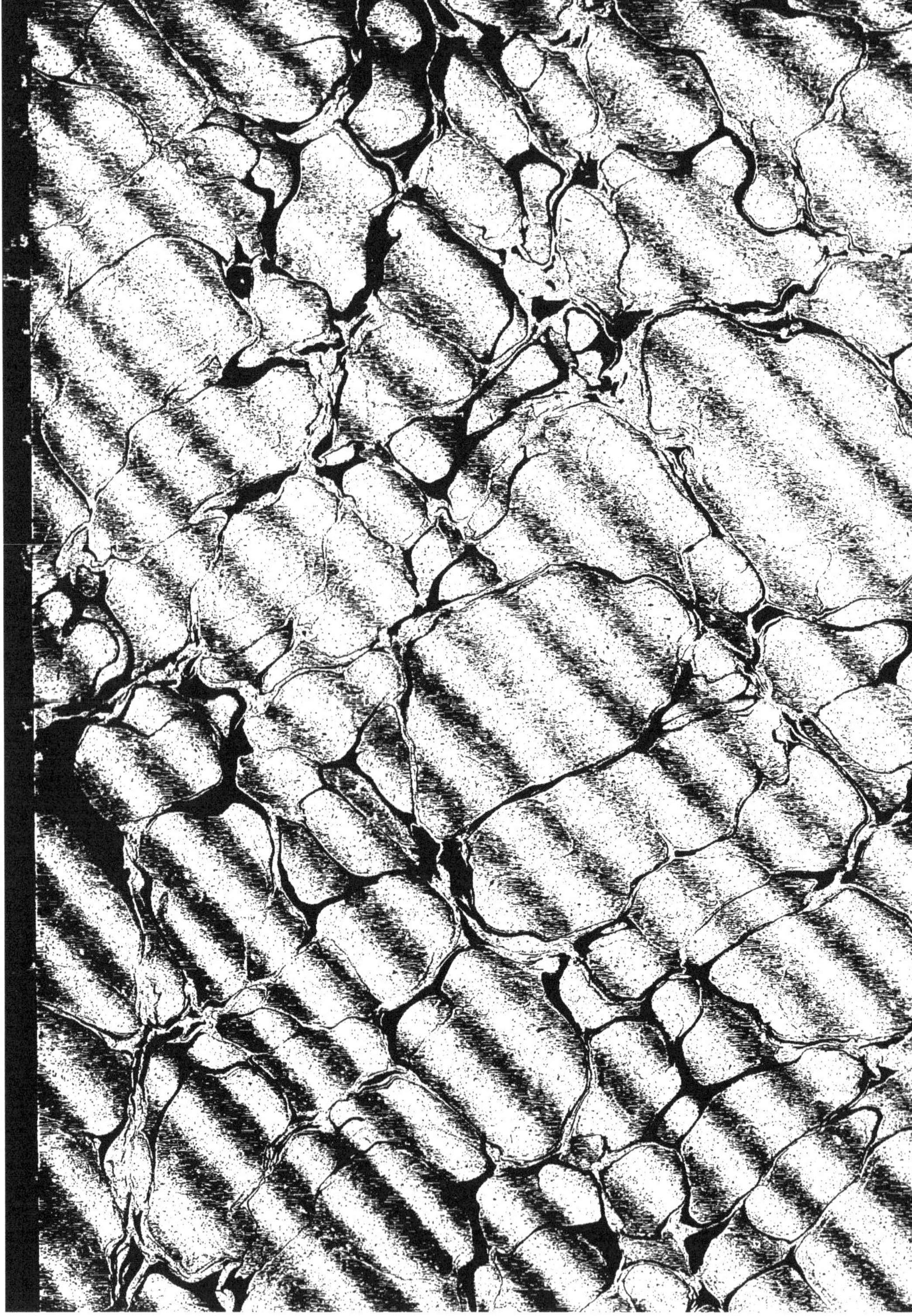

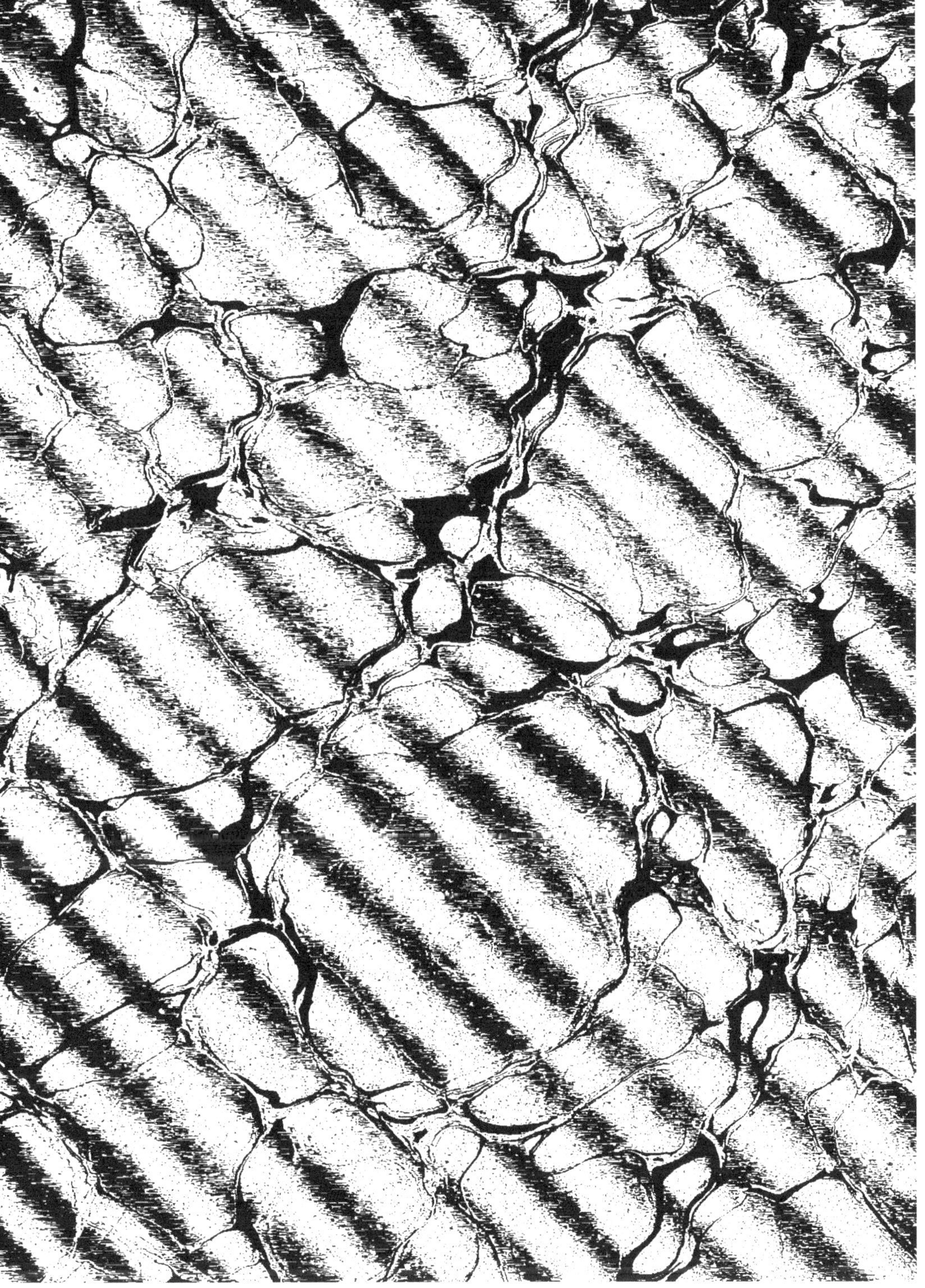

Les Villes d'Art célèbres

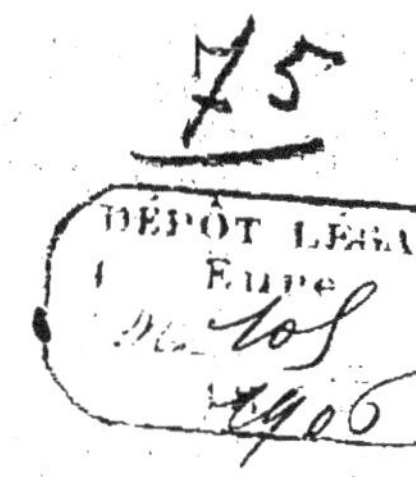

GASTON MIGEON

Le Caire

H. LAURENS, Éditeur

LES VILLES D'ART CÉLÈBRES

LE CAIRE

MÊME COLLECTION

Bruges et Ypres, par Henri HYMANS, 116 gravures.

Constantinople, par H. BARTH, 103 gravures.

Cordoue et Grenade, par Ch.-Eug. SCHMIDT, 97 gravures.

Florence, par Émile GEBHART, de l'Académie Française, 173 gravures.

Gand et Tournai, par Henri HYMANS, 120 gravures.

Milan, par Pierre GAUTHIEZ, 109 gravures.

Moscou, par Louis LEGER, 86 gravures.

Nîmes, Arles, Orange, par Roger PEYRE, 85 gravures.

Nuremberg, par P.-J. RÉE, 106 gravures.

Paris, par Georges RIAT, 144 gravures.

Ravenne, par Charles DIEHL, 130 gravures.

Rome (L'Antiquité), par Émile BERTAUX, 135 gravures.

Rome (Des catacombes à Jules II), par Émile BERTAUX, 110 gravures.

Rome (De Jules II à nos jours), par Émile BERTAUX, 100 gravures.

Rouen, par Camille ENLART, 108 gravures.

Séville, par Ch.-Eug. SCHMIDT, 111 gravures.

Strasbourg, par H. WELSCHINGER, 117 gravures.

Tours et les Châteaux de Touraine, par Paul VITRY, 107 gravures.

Venise, par Pierre GUSMAN, 130 gravures.

Versailles, par André PÉRATÉ, 149 gravures.

EN PRÉPARATION :

Bourges et Nevers, par Gaston COUGNY.

Nancy, par André HALLAYS.

Pompéi, par H. THÉDENAT.

Toulouse et Carcassonne, par H. GRAILLOT.

ÉVREUX, IMPRIMERIE DE CHARLES HÉRISSEY

Les Villes d'Art célèbres

LE CAIRE

Le Nil et Memphis

PAR

GASTON MIGEON

CONSERVATEUR DES OBJETS D'ART DU MOYEN AGE AU MUSÉE DU LOUVRE

Ouvrage orné de 133 Gravures

PARIS

LIBRAIRIE RENOUARD, H. LAURENS, ÉDITEUR

6, RUE DE TOURNON, 6

1906

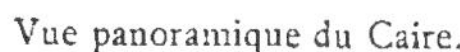

Vue panoramique du Caire.

LE CAIRE

CHAPITRE PREMIER

LE NIL. — LE FLEUVE ET LA VALLÉE

Il n'est pas sur la surface de la terre de fleuve plus mystérieux que le Nil, ni qui ait exercé sur l'imagination des hommes un plus puissant attrait de curiosité. Il est sans doute, par la longueur de son cours, qui ne mesure guère moins de quinze cents lieues des grands lacs africains aux bouches de Damiette, le plus grand fleuve du globe. Jusqu'aux temps les plus modernes, l'humanité avait ignoré ses origines, et était arrêtée devant cette énigme troublante de pareilles masses d'eaux venues de contrées inconnues, troublées par ce limon qu'elles roulaient avec elles. Ces masses elles-mêmes variaient de volume selon les époques, et, soumises à des lois bien difficiles à préciser, elles grossissaient, s'enflaient, débordaient, puis décroissaient lentement et progressivement, déposant sur le sol en se retirant tout ce limon qu'elles contenaient en suspension, et qui formait une couche de terre grasse, véritable engrais pour les terrains appauvris par le sable du désert.

« L'Égypte est un présent du Nil. » Elle n'existerait pas, en effet, sans le fleuve qui, pendant quatre mois d'été, l'inonde et l'enrichit. Aussi les peuples riverains l'ont-ils toujours adoré « comme le créateur du blé, le producteur de l'orge », celui sans lequel « les dieux tomberaient sur la face, et périraient les humains ». Il est le grand régulateur de la vie, et c'est d'après son régime que tout en Égypte s'est toujours réglé, les travaux des champs, comme les fêtes religieuses ou civiles. La crue annuelle, qui fait renaître la Nature, et qui pour les Anciens était comme la résurrection d'un Dieu, est un phénomène d'une grande régularité.

C'est presque toujours vers le 10 juin que le fleuve commence à croître en roulant les *eaux vertes*, chargées des décompositions herbeuses des grands lacs équatoriaux. Mais la montée en est presque insensible, et ses eaux sont alors insalubres. C'est au milieu de juillet que la crue s'affirme par les *eaux rouges* provenant de la désagrégation rocheuse des torrents d'Éthiopie que les formidables orages d'été viennent de précipiter vers le Nil. Le fleuve bat son plein à la fin d'août, et maintient son point le plus élevé jusque vers le 7 octobre. Puis la descente se fait graduellement, et sans brusques oscillations.

Comme dans toutes les vallées d'alluvions, le Nil a ses berges plus élevées que les plaines qui s'étendent de chaque côté de son lit, et qui s'inclinent vers les chaînes montagneuses bordant le désert. L'eau débordant du fleuve tendrait donc à se précipiter vers les terres basses qu'elle transformerait en lacs immenses. De temps immémorial, les hommes qui ont vécu sur cette terre, ont paré à ce danger en établissant tout un système de canalisation qui permet de retenir l'eau de crue d'abord dans les parties les plus élevées des canaux, puis ensuite dans les parties inférieures, afin que ces canaux gradués apportent successivement aux terrains altérés de la plaine, le liquide épais et nourricier. C'est ainsi que tout ce pays forme un vaste damier de cultures divisé à l'infini par des saillies qui sont les levées de terre, et des creux qui sont les canaux ; sorte de grand système artériel qui permet à l'eau du Nil de circuler à travers l'Égypte, comme le sang dans le corps d'un animal. Mais cet organisme artificiel est lui-même d'une extraordinaire sensibilité, et la moindre lésion y peut causer des calamités terribles. Aussi le fellah est-il astreint à une surveillance de tous les instants.

Le limon du Nil, de couleur brune, est le seul engrais de la terre. Il en est peu d'aussi riches en substances organiques décomposées, et il constitue un sol arable d'une fécondité prodigieuse. Quand l'eau a été absorbée ou évaporée sous le soleil, ce limon se durcit comme la pierre, et se crevasse profondément. Modelé en briques ou en vases, il n'a pas besoin du feu pour fournir une cohésion et une solidité à toute épreuve.

Remonter le Nil est devenu le plus facile des voyages, après avoir été l'un des plus difficiles et des plus coûteux. Il y a quarante ans, il fallait

Le Nil aux environs du Caire.

fréter une barque, embaucher un équipage, s'exposer aux lenteurs d'un voyage, où le vent, les courants, les bancs de sable étaient autant d'éléments hostiles avec lesquels il fallait compter. Seuls les grands seigneurs, et quelques artistes fastueux et fous pouvaient se permettre cette fantaisie, et toute une littérature nous a vanté les agréments d'un voyage que les hommes ne connaîtront plus, où l'inattendu était un stimulant de tous les instants, où le rêve solitaire sous le plus beau climat du monde s'extasiait des paysages les plus merveilleux, et des monuments les plus saisissants où l'idéal humain ait tenté de s'exprimer.

Aujourd'hui l'Agence Cook se charge de tout. Elle vous prend un homme de bonne volonté, le transporte, le loge, le nourrit, le tient en constant enthousiasme par les soins de ses guides; il peut se fier à elle; du Caire à Siout, de Siout à Louqsor, de Louqsor à Assouan. d'Assouan à Khartoum, il trouvera partout son lit préparé, la table mise, l'âne sellé, un service empressé, une propreté méticuleuse, et une extrême courtoisie chez tous les gradés de cette immense entreprise.

Le labour dans la vallée du Nil.

Maîtresse du Nil, par le monopole de ses bateaux et de ses hôtels, elle se prête même à l'inégalité des fortunes; ses bateaux-touristes sont des yachts luxueux, et ses bateaux-poste avec un confort un peu moindre, ont le grand avantage de laisser à leurs voyageurs une plus grande indépendance.

La flotille est ancrée un peu en avant du pont de Kasr-en-Nil, et les bateaux portent des noms historiques, qui les font filleuls des plus célèbres Pharaons, des plus fameuses reines de l'Égypte. Ils se nomment Ramsès, Sésostris, Nefertari, Hatasoo.

L'impression est saisissante quand on s'éloigne du port, et que peu à peu se perdent dans le lointain et s'effacent les mosquées du Caire. L'espace s'ouvre devant vous, cet immense espace fait de ciel et d'eau, entre deux rives verdoyantes où s'essaiment les villages de fellahs. Tel le Nil apparaît dès les premières heures qui suivent le départ, tel il apparaîtra aux heures suivantes, jusqu'au terme du voyage. Les deux chaînes arabique et lybique limitent à l'orient et à l'occident un horizon où les yeux s'habitueront et se plairont à suivre aux différentes heures les jeux changeants de la lumière. Les rives fuiront à chaque tour de roue, révélant d'harmonieuses courbes, de grands tournants où le fleuve vous réserve

Sebil de la mère d'Abbas Pacha.

la surprise de sa direction; elles seront verdoyantes, couvertes de bois de palmiers, animées de villages grouillants d'indigènes, ou bien fauves de sables, dominées par des falaises de rochers rouges d'où les dunes glissent en longues pentes fluides. L'eau tantôt coulera impétueusement, tantôt s'étendra en nappes languissantes et lentes. Et cependant, jamais cette monotonie des choses ne lassera. Du premier au dernier jour, l'œil suivra sans fatigue cette succession de paysages, identiques en apparence, et cependant d'une infinie diversité. Ils vous deviennent familiers, font partie de votre vie, participent constamment au rêve où peu à peu vous inclinent la sérénité de la nature, la solitude et le grand silence. On les retrouve chaque matin avec joie, on les quitte chaque soir à regret.

Et puis de quelle vie le fleuve est animé! Il n'est guère d'heure où l'on ne croise quelques barques aux grandes voiles latines triangulaires, qui glissent à la surface de l'eau comme de grands oiseaux blancs, remontant le courant sous le vent qui gonfle leurs toiles, ou se laissant dériver avec une heureuse quiétude. Elles descendent le fleuve, lourdes de chargements ; leurs bords au ras de l'eau bourbeuse, donnent la crainte d'une submersion prochaine. Élégantes et fines de loin, elles apparaissent de près terriblement vieilles et vermoulues ; et cependant elles portent des charges formidables. Les unes ont pris à Girgeh des cargaisons de gargoulettes en poterie, régulièrement disposées par lits, en hauts édifices fragiles ; les autres sont chargées de blé, et c'est comme une lourde masse d'or qui flotte ; d'autres transportent d'immenses cubes laborieusement égalisés de paille hachée. — On les voit filer, les grandes barques, entre les deux rives ; les bateliers qui les montent se livrent au gré du fleuve, insouciants de l'arrivée, laissant les jours couler, attendant que le vent les pousse. Ils vivent entre le ciel et l'eau, dormant, priant, chantant, rêvant. Mais parfois le banc de sable est sournois et la barque s'enlise, il faut alors se mettre à l'eau, tirer à la cordelle, comme des chevaux de hâlage. Parfois aussi on croise des barques pleines de gens et de bêtes : on entend des chants monotones et lents qui peu à peu s'éloignent et se perdent dans la brise ; c'est le passeur qui transporte d'une rive à l'autre les gens des villages opposés qui rentrent du marché. Les ânes sont toujours tassés à l'avant, attendant patiemment les débarquements bruyants pleins de cris et de coups de matraques.

D'autres fois, les bateliers se sont attendus, afin de faire de conserve cette longue descente du fleuve ; c'est alors une navigation joyeuse, pleine de chants, d'interpellations de barque à barque, en escadrilles cinglant vers des destinations lointaines. Dans cet air si lumineux et si pur, joie des yeux et joie des poumons, où les grandes voiles blanches en ailes de goélands sont l'incessante vie du fleuve, on pense revivre alors une minute de cette antiquité si reculée dont les plus anciennes peintures nous offrent des images toutes semblables.

Le vapeur va doucement ; le pilote indigène, attentif aux nuances changeantes de l'eau, suit les mouvements du sondeur qui, jour et nuit, debout à l'avant, plonge, de minute en minute, une longue perche dans l'eau ; il tâte les fonds, et avertit le pilote, quand les profondeurs diminuent. Le Nil n'est pas sûr, et demeure une perpétuelle énigme ; ses grands bancs de vase se déplacent sans cesse, et il n'est guère de chenal où le passage soit constant et assuré. L'enlisement est parfois brusque ; le sondeur n'a pas eu le temps de prévenir le pilote; le bateau touche, fait machine en arrière, se dégage, cherche de droite et de gauche sa voie, puis continue sa route. Il est rare qu'il soit assez profondément engagé pour rester en détresse.

Hammam au Caire.

Souvent de grands bancs de sable émergent, grandes îles qui divisent alors le Nil en plusieurs bras; il en est qui sont cultivées, et présentent une végétation verdoyante. Sur les plages de sable fauve, une multitude de points noirs apparaissent, qui commencent à se mouvoir dès qu'approche d'un peu près le bateau. Ce sont les échassiers qui pêchent en eau vaseuse, ou dorment sur une patte, la tête sous l'aile : flamants, pélicans, grues, hérons se rassemblent en bandes innombrables; les ibis roses y sont fort nombreux aussi, bien qu'ils tendent à rejoindre vers les solitudes

Type de femme du Caire.

de la Nubie, les crocodiles qui jadis peuplaient les eaux du Nil moyen.

Bien que la voie ferrée aille maintenant jusqu'à Assouan, le bateau est demeuré le moyen de transport préféré de l'indigène qui a un long trajet à parcourir. N'étant jamais pressé, il aime à vivre les longues heures de désœuvrement sur le pont inférieur; les femmes sont à l'arrière, les hommes à l'avant, causant, fumant, dormant, tirant, aux heures des repas, de frugales nourritures d'un coin de serviette, un oignon, une

Hémali. (Les hémalis donnent souvent gratuitement l'eau aux passants.)

galette, un fruit. Un petit fourneau constamment allumé, entretient le feu sacré de tout l'Orient, celui qui fait bouillir le café.

Mais la sirène fait entendre un long mugissement ; on approche d'un ponton. Un village apparaît pittoresquement perché sur la berge, ou caché derrière un rideau de beaux arbres. Le ponton est couvert d'une multitude compacte, qui ne se compose pas seulement des partants, mais encore de tous ceux qui les accompagnent ; il y a aussi les gens qui ayant quelque marchandise, seraient fort heureux de la présenter aux passagers. Si bien que le bateau à peine amarré, une bousculade effroyable se produit entre ceux qui d'un côté de la passerelle veulent débarquer, et de l'autre embarquer. Les femmes qui portent leur enfant sur l'épaule poussent des cris perçants, les marchands avec l'équilibre instable de leur charge sur la tête, font des prodiges pour ne pas être culbutés : parfois un audacieux, cherche à s'accrocher au bastingage et à l'enjamber, mais les hommes de l'équipage veillent à le rejeter au ponton. Il se peut que leur résistance aient été un peu rude, et que le malheureux soit tombé à l'eau : ce sont alors des cris terribles d'adjuration au capitaine pour qu'on lui jette une perche. Mais tout à coup le tumulte devient inexprimable ; on voit un homme fendre la foule, son bras armé d'une courtache s'abat régulièrement et furieusement sur les épaules, les têtes, les visages. Il tape à tort et à travers, et personne ne lui résiste. En un clin d'œil, le ponton est nettoyé. Et l'agent de police, très tranquille, vociférant quelques paroles sans doute terribles, à l'adresse de ses victimes, reste seul maître de la place. Ses victimes ne semblent pas lui en garder rancune, car maintenant sur les berges tout ce monde est très joyeux, et manifeste par ses rires la joie profonde d'avoir fait partie de ce tumulte ; pauvre peuple naïf et bon enfant, que tant de siècles de bastonnade ont façonné à l'accoutumance d'être battu.

Chacune de ces escales est une joie nouvelle, et leur répétition ne lasse pas ; le spectacle en est toujours animé et turbulent ; seule y manque cette couleur qu'on rencontre dans toutes les Échelles du Levant. Ici la terre est noire, l'eau bourbeuse et sale, les costumes sombres ; cela fait une gamme de couleurs sourdes. Il vaut mieux alors oublier les merveilleuses navigations dans les mers de Syrie, les débarquements à Rhodes, à Chypre, sur des mers de lapis et des plages d'or fauve, dans le golfe d'Alexandrette aux cascades argentées tombant de falaises roses couronnées d'arbres toujours verts.

Aux bords du Nil les oppositions de mouvement et de vie, et de solitude absolue sont continuelles. On quitte un village, entouré d'une verte oasis de dattiers, et de champs cultivés de maïs, de canne à sucre, et de coton. Puis brusquement la végétation cesse ; le sable affleure la rive, les berges sont désertes, une des deux chaînes de montagnes a forcé le fleuve à décrire une grande courbe au pied de ses falaises ; puis peu à

Sebil d'Abder Rahman Bey.

peu il s'en éloigne, elles se perdent dans le lointain. Le pays alors devient plat, aucun détail ne s'y accuse, et bien loin devant les yeux l'énorme coulée du fleuve monstrueux confond son horizon avec celui du ciel. Il semble sortir du vide, s'écouler des profondeurs du ciel. Seule parfois une voile blanche très lointaine, vient briser cette illusion, détail précis et net sur ce fond plein de mystère.

Ailleurs la végétation est magnifique ; les palmiers forment des bois touffus abritant de leur ombre des champs ensemencés ; un arbre d'une essence particulière apparaît, dont le tronc se bifurque en deux branches à peu de distance du sol, et dont les feuilles se déployant en éventails, forment de véritables glaives. C'est le palmier-doum. On commence à le rencontrer en amont de Siout et il est bien particulier à l'Égypte.

Sebil du sultan Mahmoud.

Tout le long des rives se fait entendre le grincement continu des *chadoufs ;* c'est comme l'éternelle plainte du fellah dont la vie est vouée à arroser cette terre sur laquelle ne tombe jamais la pluie du ciel. Il est l'esclave du fleuve. Par couples de deux, on les voit debout dans l'étroite brèche dont la rive est creusée, à un mètre au-dessus de son niveau. D'un effort régulier et mécanique ils abaissent vers l'eau un sac de cuir suspendu à une longue poutrelle perpendiculaire à une autre sur laquelle elle bascule. Le sac touche le fleuve, s'y remplit d'eau ; un contrepoids formé d'une lourde pierre, le fait remonter, l'attirant à hauteur de la berge, où il se déverse dans un petit canal qui porte cette eau à la plaine. La quantité d'eau puisée chaque fois est infime, les champs sont altérés, et l'on est pris de pitié à la pensée du travail de forçat auquel cette race est vouée depuis ses plus lointaines origines.

Les hommes y travaillent nus, et sous le soleil ardent leur peau ruisselle de sueur. Sans cesse leur corps se plie, se relève et se courbe de nouveau, et leur chanson, lente et mélancolique mélopée, se mêle avec insouciance à la plainte grinçante de la poulie. La régularité de l'effort, l'assouplissement du mouvement ont donné à leurs corps une harmonie souveraine, comme le brûlant soleil a apporté à leurs peaux la plus belle des patines. Ils apparaissent ainsi dans la lumière comparables à de beaux bronzes florentins.

Les heures passent, dans l'alternance des longues rêveries bercées par les battements réguliers des roues, auxquelles succèdent les débarquements pour la visite de quelque temple ou hypogée voisins. La pensée s'endort peu à peu sous ce ciel tranquille et pur, dans cette atmosphère légère et transparente. Sans qu'on s'en rende compte, elle vous pénètre d'un bien-être physique, où les nerfs se détendent peu à peu. Respirer cet air, jouir de cette lumière, il semble bientôt qu'il n'est rien de meilleur dans la vie. Et quand on est revenu à des climats moins cléments, on n'oublie jamais ce vaste ciel d'Égypte, qui semble plus haut, plus vaste que les cieux d'Europe, où chaque matin se préparaient lentement des levers de soleil délicats et nuancés, où chaque soir l'astre disparaissait dans des triomphes de pourpre et d'or.

CHAPITRE II

LE CAIRE PITTORESQUE ANCIEN ET MODERNE

Armoirie.

Il faut se hâter d'en jouir : dans vingt ans il ne restera pour ainsi dire rien du vieux Caire. Sans doute, les mosquées qui ont échappé à la destruction sont sauvées, grâce à la vigilance d'un comité des biens de mainmorte, les Wakfs, qui en ont assuré la conservation. Mais elles apparaîtront isolées, monuments de curiosité, entourées de constructions neuves, qui ne seront pas en harmonie avec elles, en bordures de larges boulevards, elles qui étaient nées, entourées d'échoppes, au milieu de leurs quartiers grouillants. Elles seront alors semblables à nos cathédrales gothiques, autour desquelles n'existent plus les milieux qui leur étaient contemporains.

On assainit le Caire; chaque année les démolisseurs crèvent un nouveau quartier, y percent une avenue toute droite et rectiligne, et puis on y fait passer le car électrique. Les canaux eux-mêmes, tel ce Khalig, qui devait être si curieux et d'un charme tout vénitien, avec ses moucharabiehs, ses fenêtres grillées et ses ponts en dos d'âne, sont maintenant comblés, excellentes voies de circulation que l'indolence musulmane laisse toutefois aussi mortes que si l'eau y coulait encore lentement. Car il ne faut pas croire que devant ces transformations de la voirie, les habitants aient senti le besoin ou la commodité de s'ouvrir sur la nouvelle rue une porte de sortie, que pendant tant de siècles le canal avait rendue inutile.

Malgré tout, les villes d'Orient ne se transforment pas aussi rapidement que les villes d'Occident. Les besoins de confort y sont moins impérieux, les habitudes et les traditions s'y maintiennent avec plus d'obstination. Le Caire conservera encore longtemps quelques vieux quartiers, sortes d'îlots au milieu des nouveaux. Et le curieux, celui qui laissera errer au hasard sa flânerie, y trouvera des joies exquises, et regrettera de voir peu à peu disparaître une ville qui fut sans doute, avec Damas, la plus merveilleuse de tout l'Orient.

Mosquée de Mehemet-Ali, à la citadelle.

Le centre du Caire c'est l'Esbekyeh. Jadis, à la fin du XVe siècle, l'Emir Esbeky, général du Sultan Kaït-Bey y élevait une mosquée en mémoire de ses victoires sur les Turcs. La mosquée fut ruinée, et il fut un temps peu éloigné où les crues du Nil faisaient de cet endroit un lac ombragé de vieux sycomores noueux et tordus, à l'ombre desquels Marilhat et Félicien David aimaient à venir promener leurs rêveries. Pendant les nuits du Rahmadan et du Baïram, des fêtes l'animaient des mille feux de barques illuminées. Il y a trente ans, c'était encore un lieu vague, fort peu sûr pendant la nuit. C'est aujourd'hui un splendide jardin, riche des plus belles essences d'arbres tropicaux, entouré comme les Tuileries et Hyde Park d'une imposante grille contre laquelle vient battre la vie moderne ainsi que rue de Rivoli ou à Picadilly.

Canal au Caire.

De l'Esbekyeh rayonnent de nombreuses avenues à travers des quartiers qui du temps d'Ismaïl étaient encore d'immenses solitudes s'étendant jusqu'au Nil. Là s'élèvent aujourd'hui les villas de la colonie européenne, ses agences diplomatiques, ses grands hôtels cosmopolites, ses clubs, ses temples protestants, ses casernes.

La plupart de ces avenues convergent vers le grand Pont, le seul qui fasse communiquer le Caire avec la rive gauche du fleuve, avec Ghizeh, avec la route des Pyramides, avec Ghéziréh, ancien palais khédivial, aujourd'hui l'un des plus vastes et somptueux hôtels du monde.

Quartier Nahazin au Caire.

Long de 390 mètres, le grand pont de fer de Qasr en Nil s'ouvre chaque jour vers une heure aux bateaux dont les vergues sont trop hautes pour passer sous son tablier. La vue du fleuve en est tout à fait admirable; surtout en amont, où décrivant une courbe grandiose, il roule d'une force calme et lente, l'eau limoneuse descendue des hauts plateaux éthiopiens.

Le pont franchi, c'est l'île de Boulaq avec ses magnifiques allées d'acacias qui sont la promenade favorite de la société élégante du Caire. De vastes pelouses permettent à la colonie anglaise d'y pratiquer ses sports favoris; des cavaliers à vestes rouges, montés sur de vigoureux doubles poneys y jouent au polo, à côté de robustes gars en maillots

Quartier Gamalihye.

occupés au foot-ball. Puis au delà, c'est la plaine de Choubrah dont les avenues plantées d'acacias lebbackh, et de sycomores aux dimensions gigantesques, font de grandes voûtes d'ombre.

Mais à l'est de l'Esbekyeh c'est tout autre chose; n'étaient le boulevard Mehemet-Ali qui mène à la citadelle, ou le Mousky, assez large rue très commerçante, qui a coupé le Caire en deux, il faudrait pénétrer dans la ville arabe par une de ces innombrables ruelles tortueuses et de sol bossué, qui font du Caire comme de toute ville d'Orient un véritable labyrinthe.

A quelque heure qu'on le parcoure, mais surtout dans la matinée, le Mousky offre une extraordinaire animation ; ancien quartier franc, il est

Portail d'un palais au Caire.

occupé aujourd'hui par le petit commerce grec et syrien. C'est ici la vie même du Caire. Les trottoirs étant fort étroits, la circulation ne se fait que par la chaussée encombrée de piétons, de voitures et de cavaliers. Jadis on ne circulait à travers le Caire qu'avec des ânes, en l'absence pour ainsi dire absolue des voies carrossables. Aujourd'hui, les ânes sont devenus plus rares, et des victorias généralement bien attelées vous portent à peu près dans toutes les directions. Le cocher d'une voix rauque domine le tumulte, demande place « Rouah, rouah ! guarda, balek (prends garde) « chemalek ! (ta gauche), yeminek ! (ta droite), ouarek (de côté). » La foule est obéissante, et se range surtout à l'appel des Saïs ; les élégants coureurs précèdent les voitures de maîtres, pieds et jambes nus, tunique blanche et flottante serrée à la taille, coiffés du tarbouch au long gland sautillant, et portant une longue canne levée à la main. Ils sont un des derniers grands luxes que les familles aristocratiques du Caire aient conservés.

Un des curieux caractères de la rue au Caire, c'est l'activité, si l'on peut dire passive de ceux qui la parcourent. Ils marchent, vont droit devant eux, absorbés en un rêve intime que vient brusquement troubler l'appel d'un cocher ou d'un ânier. Ils s'écartent, puis d'un pas égal, reprennent possession de la chaussée, prêts à l'obstruer de nouveau.

Les alentours de l'Esbekyeh sont le rendez-vous de tous ceux qui comptent sur la badauderie et sur l'innocence des flâneurs étrangers pour placer leur marchandise. On les voit croiser devant les cafés : c'est le marchand de cannes, le marchand de nattes, le fleuriste, le vendeur de chapelets ou d'éventails ; leur insistance fatigue, jusqu'à ce que par l'excès, elle soit devenue totalement indifférente.

Puis c'est le mendiant, qui a le tort de vous exhiber parfois une horrible infirmité, quelque lèpre où quelque moignon d'un aspect repoussant. Le cireur vous guette, avec l'idée bien arrêtée qu'il finira bien par cirer vos bottes : il profitera même parfois de votre distraction pour commencer son travail sur un pied dont il ne semble pas redouter assez les représailles.

Des baladins cherchent aussi à retenir la foule devant leurs boniments ou leurs tours. Des psylles charment des serpents qu'ils montrent entourés autour de leurs bras ou de leurs cous. D'autres traînent derrière eux de grands cynocéphales. Le porteur d'eau marche à demi courbé sous le poids de l'outre emplie d'eau qui suinte, et palpite comme un ventre de bête. Un épais tablier de cuir le garantit de l'humide contact. Le marchand de boissons, d'une voix nasillarde et traînante, offre sa marchandise contenue dans le barillet de verre qu'il porte le ventre en avant. Des blocs de glace y fondent, et rafraîchissent une limonade que le ballottement à troublée. Les passants semblent s'arrêter rarement au tintement des gobelets qu'il fait sonner de sa main demeurée libre. Les

Panorama du Caire, vu des tombeaux des Mammlouks.

petits débitants que le commerce retient à leurs boutiques semblent être surtout ses clients habituels.

Si vous traversez la rue, l'ânier vous poursuit de ses offres : « Bon baudet ! bon baudet ! Moi connaître français, Moussu ! bon baudet ! ». Il ira même jusqu'à pousser l'animal devant vous pour vous barrer la route. Lui aussi semble avoir trop oublié qu'une canne, en Égypte, se transforme très vite en arme défensive. Les plus paisibles promeneurs s'en débarrassent d'ailleurs aisément en prononçant d'un ton bref le « La ! amchi » (fiche-moi la paix) qui fait taire les plus tenaces.

On a beaucoup vanté la beauté des ânes d'Égypte, et avec raison c'est assurément la plus belle espèce qui soit au monde ; de forte taille, très musclés, très rapides, ils ont une endurance, et une souplesse de caractère remarquables. Ils tendent de plus en plus à disparaître du Caire, où les moyens de communication seront bientôt presque exclusivement mécaniques. Il fut un temps encore peu éloigné ou l'on ne pouvait s'en passer ; et dans les campagnes en dehors de la voie fluviale, ils sont demeurés les montures les plus usuelles. Les gens de qualité en prennent d'ailleurs grand soin, et l'on en rencontre souvent dans les quartiers arabes du Caire, tondus de près, luxueusement harnachés, tenant fièrement la tête haute, et forcés, par la bride courte à s'encapuchonner. Chaque âne est toujours suivi de son ânier, poussant sa bête aux plus vives allures, et courant derrière elle sans jamais perdre le souffle.

Dans tout le quartier neuf, devant les portes des immeubles construits à l'européenne, sont constamment assis, durant le jour, des groupes de quatre ou cinq indigènes : ce sont les portiers. Si l'on se présente, l'un d'eux se détache du groupe, précède le visiteur, le conduit à l'étage qu'il demande, sonne à la porte et l'introduit. Durant la nuit, l'un d'eux, roulé dans des couvertures, dort étendu sur les dalles du vestibule, c'est le chien de garde du logis.

La rue d'El-Ghouryeh coupe transversalement le Mousky. A gauche c'est le Khan-Khalili, le bazar des tapis, des armes, des cuivres, des étoffes, où s'empilent toutes les marchandises dont rêvent les amateurs, et qu'ils ont actuellement tant de peine à y rencontrer. Puis par les rues obliques qui par parties ont conservé leur pur caractère de jadis, avec de belles portes finement sculptées, de beaux moucharabiehs débordant des murailles, des fontaines de fondation pieuse, on arrive au splendide groupe de mosquées des sultans Kalaoun, Mohamed El-Nasser, Barqouq. A droite par des rues tournantes, entre-croisées à l'infini, où s'activent en de petites boutiques les mille métiers d'artisans groupés par corporations, comme ils l'étaient dans nos villes du moyen âge, on arrive par d'autres groupes de splendides mosquées d'El-Goury, d'El-Moyyaed, d'El-Ishaki, de Mardani, jusqu'à la perle du Caire, la superbe mosquée d'Hassan au pied même de la citadelle. Toutes ces mosquées, nous y reviendrons longuement, car on ne se lasse pas au cours des promenades d'y revenir et de s'y arrêter comme aux plus beaux vestiges que l'art

Le Caire vu de la citadelle. Façade méridionale de la mosquée du sultan Hassan.

arabe ait laissés dans le monde. Et nous tâcherons de ne pas les isoler du milieu même qui les entoure si harmonieusement.

On monte à la citadelle par un chemin qui longe les flancs de la montagne, puis une grande porte fortifiée franchie, on se trouve dans un coupe-gorge resserré entre de hautes murailles, ou le 1er mars 1811 sur l'ordre de Mehemet-Ali les Beys et les Mammlouks, attirés dans un guet-apens, furent massacrés. Il les avait réunis pour assister à l'investiture de son fils Toussoum. Après la cérémonie, ils se retirèrent : mais lorsqu'ils furent arrivés dans le chemin creux, ils trouvèrent la porte fermée. A ce moment un feu terrible s'ouvrit sur eux : ils tombèrent tous sous les balles des Albanais embusqués derrière les murailles. Un seul, Anym-bey, était resté dans la cour du palais : il entendit la fusillade, les cris de ses compagnons, il comprit le crime. Il déroula son turban, en voila les yeux de son cheval, et le lançant au galop sur le parapet, le fit sauter du haut de la citadelle d'une hauteur de quatre-vingts pieds. Le cavalier n'y trouva pas la mort : meurtri il s'était traîné jusqu'à une maison voisine. La police du sultan finit par l'y retrouver. Il fut saisi et décapité.

On arrive alors sur le plateau où le sultan fit ériger pour sa sépulture l'immense mosquée dont les deux minarets d'un surprenant élancement se voient de tous les points de la ville. De l'esplanade la vue plonge comme d'une falaise très élevée ; très bas et à l'infini le Caire étale le prodigieux dédale de ses quartiers, de ses maisons à toits en terrasses d'où émergent les innombrables dômes et minarets de ses mosquées que le temps a dorées d'une patine vermeille.

Une de ces coupoles retient les regards ; elle est isolée au milieu d'un quartier étendu qui vient mourir aux collines de terre grise qui le séparent d'un vaste désert. C'est la vieille mosquée du Sultan Ahmed ibn Touloun, antérieure de près d'un siècle à la fondation du Caire, et contemporaine de la première capitale des Arabes, la primitive métropole de Fostat qui s'étendait depuis le rocher de la citadelle jusqu'au Nil, à plus de trois kilomètres de distance. Elle fut d'après l'historien arabe Makrisy une cité magnifique, riche en jardins, en palais, en mosquées splendides ; on y voyait des marchés célèbres dans tout l'Orient et des ateliers de tous les métiers. A trois reprises, abandonnée ou détruite de fond en comble, elle était toujours reconstruite avec une nouvelle splendeur, au gré du souverain régnant. Puis vers le milieu du XIe siècle, elle subit enfin un anéantissement total dont jamais elle ne se releva. Elle devint alors un désert bosselé de collines de décombres, que le sable grossit chaque année un peu plus. Certaines de ces collines scintillent au soleil d'un vif éclat, de tous les débris de faïence dont elles sont pleines ; et sans fouille profonde, du bout de la canne, on y peut rencontrer quelques beaux morceaux de faïence arabe à reflet d'or, un débris de plat de Damas ou de Rhodes de la belle époque. Très loin une ligne verte apparaît, c'est le Nil et les bouquets de palmiers de ses bords ; plus loin encore et fermant l'horizon, une mince bande d'un rose délicat, c'est la chaîne lybique devant laquelle se dresse avec une rigueur géométrique l'impérieux profil des grandes Pyramides.

Pour circuler dans le vieux Caire, il ne faut pas être pressé. D'abord on peut fort bien s'y perdre et errer longtemps, avant de pouvoir s'orien-

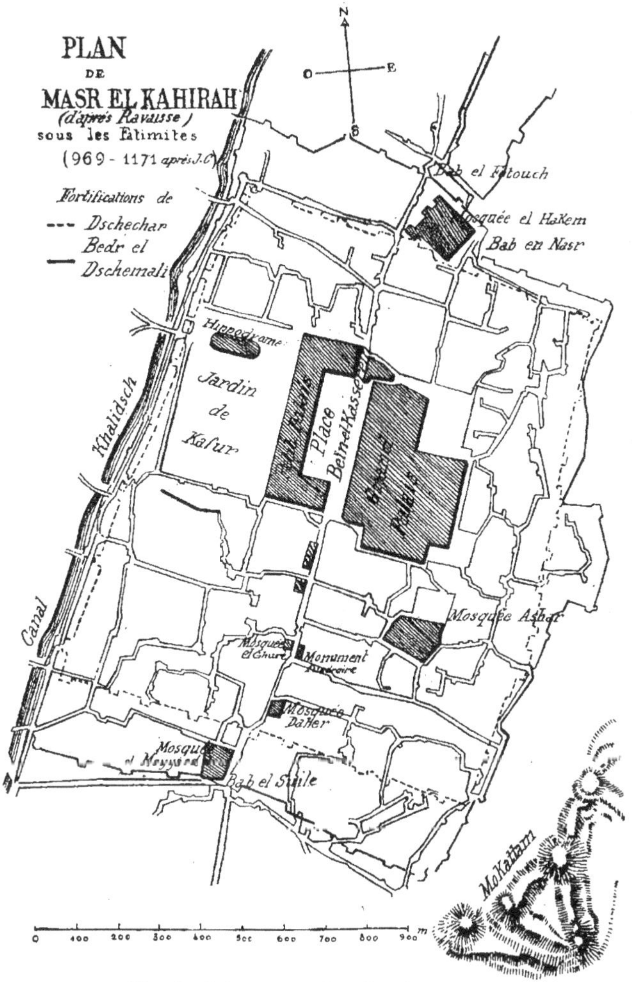

Plan du Caire sous les Fatimites (969-1171).

ter. Il ne semble pas qu'un plan préalable ait présidé au tracé des rues. Les maisons se sont construites au hasard, et l'espace demeuré libre entre elles a constitué la *rue*. On ne saurait donc s'étonner du fouillis inextricable de ces ruelles, de leurs zigzags, de leurs détours. Souvent

Une rue à moucharabiehs au Caire.

on s'engage dans l'une d'elles, et l'on aboutit bientôt au cul-de-sac d'une impasse qui vous oblige à rebrousser chemin, à moins qu'une arcade ouverte sous la dernière maison ne permette de passer pour arriver à une rue nouvelle. Il y a de ces rues si étroites que les *moucharabichs* alternant d'une maison à une autre les couvrent presque totalement. C'en est un des plus curieux ornements, ces grilles de bois tournées et ajourées qui surplombent, et font office de fenêtres, grands balcons fermés qui permettent de voir sans être vu.

Le contraste est frappant d'une rue à une autre; celle-ci est étonnamment animée, pleine d'un brouhaha continu que percent les voix glapissantes des crieurs ; les bêtes y soulèvent une poussière dont les atomes dansent dans des rais de lumière. Faites dix pas dans une rue adjacente, c'est le silence et la solitude ; il semblerait qu'on parcourt une ville morte, déserte et abandonnée. Les maisons, sans ouverture sur la rue, présentent des murs d'une cécité farouche. Et parfois, l'impression d'abandon se confirme par les ruines que l'incurie musulmane se préoccupe peu de faire disparaître. On dirait souvent d'un cataclysme qui aurait ruiné un quartier entier : ce sont des constructions éventrées, écroulées, dont les matériaux gisent épars sur le sol ; ou bien des maisons laissent apparaître des assises douteuses, des brèches permettent d'apercevoir des toitures disloquées, des planchers lézardés prêts à s'effondrer

Cour et façade de palais dans le quartier Tabbanah au Caire.

à la moindre secousse. Et tout cela est bâti avec de si pitoyables matériaux, des briques de terre séchées au soleil, qu'il semble qu'à la première pluie torrentielle, tout cela va fondre, se liquéfier, et retourner se mêler au sol d'où on les tira.

C'est dans ces quartiers ruinés, que le curieux peut avoir la chance de découvrir quelque vestige d'une vieille et riche demeure. Tel apparaissait tout récemment encore, privé de l'avant-corps de bâtiment qui bordait la rue, l'ancien palais d'un gouverneur turc de la citadelle au XVIIIe siècle. Sur la cour transformée en chantier, s'ouvraient au-dessus d'un escalier de quinze marches, trois larges arcades précédant une somptueuse salle de réception qui avait conservé son plafond peint et doré. D'autres appartements s'ouvrant au rez-de-chaussée sur une cour voisine, présentaient une égale splendeur. Et les démolisseurs y poursuivaient une œuvre de destruction qui aura bientôt effacé du Caire tout

Palais de Gamal ed-Din ez Zahabi (XVIIe siècle.)

souvenir de son ancienne architecture civile, d'un si grand charme et d'une si fine élégance.

L'administration des Wakfs a du moins sauvé un de ces palais, Beït Gamal ed-Din ; il fut restauré par M. Herz Bey avec un goût parfait et une grande discrétion. On l'appelle aussi au Caire « la Maison des Artistes » parce que c'est un des plus parfaits modèles que les architectes ou les peintres y puissent étudier. Cette charmante construction est datée de 1044 de l'hégire (1666 de Jésus-Christ). La disposition de la maison arabe ayant peu varié aux différentes époques, décrire celle-ci, c'est se dispenser d'y revenir à propos d'autres.

La porte d'entrée, s'ouvrant toujours en dedans, laisse pénétrer en un couloir coudé venant aboutir à la cour autour de laquelle sont groupés les appartements. Au rez-de-chaussée sont les communs, généralement voûtés, où logent les domestiques et les bêtes de somme. De la cour, un petit escalier monte au premier étage et permet d'accéder aux

Intérieur du palais de Gamal ed-Din ez Zahabi.

salons de réception : l'un, le MAQ'AD, sorte de grande loggia, prend jour sur la cour par trois grandes arcades. Il communique avec le QA'A ou salon principal, dont le sol de mosaïques de marbre offre des différences de niveau d'une ou de deux marches. Des niches profondes garnies de larges divans y font des coins d'intimité. De place en place, les murs sont creusés d'armoires aux vantaux de cèdre et d'ivoire ; les plafonds sont ornés de caissons polychromes, et souvent à l'une des extrémités, une galerie élevée ou une loge à balcon permettait aux femmes d'assister aux fêtes qui s'y donnaient.

Ce petit palais est exquis, et serait le plus merveilleux cadre qu'on puisse donner à un musée de l'Art arabe. On a construit au Caire un édifice énorme qui a coûté des millions. Les merveilleux objets qui avaient trouvé dans la mosquée Hakem un refuge provisoire s'y trouvent perdus et dépaysés. Disposés avec goût dans le petit palais Gamal ed-Din, ils auraient contribué à reconstituer dans ce milieu d'art raffiné un ensemble unique.

Il y a dans le Caire bien d'autres palais ou maisons arabes offrant un

Salle dans le Palais Muftaferchane.

vif intérêt artistique, mais il n'en est pas de plus parfait. A l'époque d'Ismaïl, quand l'Égypte hypnotisée par les civilisations d'Europe, voulut elle aussi, entrer dans le mouvement et devenir une capitale brillante, le Khédive concéda à quelques Européens de marque, résidant au Caire, des terrains à la seule condition qu'ils y construiraient, et que là serait l'amorce des grands quartiers européens. Quelques amateurs passionnés des belles œuvres d'art arabe qui foisonnaient alors au Caire, firent construire des maisons de pur style, dans lesquelles la plupart des matériaux, en dehors des gros murs, provenaient des mosquées ou des vieilles maisons que les transformations du Vieux Caire n'avaient pas épargnées. M. de Saint-Maurice, grand écuyer des écuries khédiviales, avait fait construire la belle demeure qui est devenue depuis la légation de France, et où se voit le plus bel ensemble de mosaïques de marbre que l'Art arabe ait produites au Caire. Un peu plus loin, l'agence d'Italie a pris possession de la charmante maison qu'avait eue un banquier, M. Delort de Gléon, tandis que l'agence de Belgique reprenait à M. Ambroise Baudry, l'architecte, la maison qu'il avait fait édifier lui-même, et où pendant tant d'années, il avait su réunir les plus beaux bois que la démolition de trois vieilles mosquées avait fait tomber entre ses mains.

Engageons-nous à tout hasard dans une des nombreuses rues dont toute la ville arabe est percée. Si la rue est commerçante, de chaque côté, d'étroites boutiques, surélevées du sol d'un demi-mètre, se succèdent avec l'infinie variété des marchandises qu'elles offrent. Le vendeur accroupi au milieu d'elles, perdu dans le rêve, interposant entre sa personne et le monde extérieur les volutes de fumée de sa cigarette, attend le client plutôt qu'il ne le sollicite.

Le marchand de cotonnades semble s'approvisionner exclusivement en Europe, et tout particulièrement en Allemagne et en Autriche.

Les éventaires des marchands de fruits éclatent en notes puissamment colorées ; ils offrent la gamme complète des tons les plus riches et les plus violents.

Les artisans travaillent de leurs mains sous les yeux mêmes des passants ; et, s'ils le font sans hâte, ils ne le font pas du moins sans constance : des tailleurs cousent sans relâche ; les forgerons souvent par couples, frappent sur leurs enclumes ; les graveurs burinent de grands plateaux de cuivre selon le tracé d'un dessin fait à l'avance ; les chaudronniers façonnent leurs pièces sur une matrice de bois dur.

Les tourneurs sont d'une inconcevable habileté : assis par terre, et faisant tourner leur pièce de bois sur deux pivots qui la maintiennent horizontale, ils la présentent au ciseau qu'ils manient du pied. Ce pied est extraordinaire ; l'exercice et l'habitude lui ont donné une souplesse et une dextérité prodigieuses. Il travaille avec une virtuosité que sauraient atteindre seuls chez nous les manchots.

Mais brutalement une odeur de cuisine empuantit la rue ; c'est la boutique d'un restaurateur. Aucun matériel de consommation : il cuisine sur des grils, sur des réchauds où le charbon rougeoit. Il cuit des rognons, des petits poissons, des hachis de viande, des sortes de beignets. Dans de grandes marmites nagent des choses hétéroclites dans un bouillon fortement dilué. Chacun vient ici prendre ce qui lui plaît et l'emporte. Les pâtissiers semblent obtenir un certain succès avec leurs pains de dattes nougatés, leurs masses pâteuses de guimauve colorées qu'ils étirent, leurs confiseries.

Mosaïques d'une salle de palais dans le Gamaliye.

De grandes tiges vertes sont parfois liées en gerbes aux devantures des fruitiers. Ce sont les cannes à sucre. Certains les prennent entre leurs dents, les brisent en petits morceaux dont ils sucent la moelle blanche, au goût douceâtre d'eau sucrée. Les dents en prennent une blancheur éclatante.

Voici une boutique d'un aspect sévère qui tranche sur ses voisines. Quelques planchettes portent simplement des livres et des feuilles de papier. Un homme attentif, l'encrier posé devant lui, écrit sur un buvard posé sur son genou ; un individu penché vers lui répond à ses questions.

L'écrivain public est un homme de bon conseil, on doit venir le consulter dans tous les cas un peu difficiles de la vie.

Mais le comique reprend bientôt ses droits ; un perruquier avec un entrain étonnant, badigeonne de mousse de savon la tête ronde et crêpue d'un nègre. Dans un instant elle apparaîtra totalement rase, comme une bille, à l'exception de la petite touffe, que tout bon musulman doit con-

Vue du Caire. Medresseh de Kait Baï, mosquée Rifai et mosquée Hassan.

server. C'est par là que Mahomet, au grand jour, le saisira pour l'emporter au Paradis des croyants.

Ainsi à chaque pas le spectacle varie sans cesse, et jamais n'est banal et indifférent. Et de ceci, le Caire n'a pas le privilège exclusif : il en est de même dans toutes les villes d'Orient, du moins celles qui ont encore conservé un cachet personnel. La foule très dense qui circule dans ces rues y apporte un mouvement et une vie extraordinaires. A l'encontre des rues de Damas, par exemple, on n'y rencontre pour ainsi dire jamais de riches costumes : le fellah y est uniformément vêtu de la kamis, la longue blouse de cotonnade bleue échancrée sur la poitrine, et laissant

3

souvent transparaître un gilet de couleur vive, et d'un caleçon simple et à coulisse qui ne descend guère au-dessous du genou. Il est coiffé du tarbouch de laine rouge autour duquel est enroulé le turban de mousseline blanche. Les oulémas se distinguent par le volume du turban ; les descendants du prophète le portent vert, les Coptes et les Juifs noir ou brun.

La femme de condition moyenne sort toujours enveloppée dans une grande pièce de soie noire, la *Sebleh*, qui l'alourdit. Elle semble avoir un goût fâcheux pour les bas mauves ou roses, d'un désaccord choquant avec les étoffes noires qui la couvrent. Un voile, *bourko*, rattaché à la Sebleh par un petit cylindre de cuivre ou d'or au milieu du front, ne laisse apparaître que les yeux. C'est la seule chose visible de la femme voilée; et derrière ce rempart du voile, ils prennent une singulière importance. Ce mystère doit donner aux yeux les plus ordinaires un accent tout particulier, que vient aviver encore la teinture. Et puis celles qui sont vraiment belles trouvent toujours le moyen de le laisser voir. Il est si naturel d'apporter parfois un peu de négligence à maintenir ses voiles ! C'est bien le pays des rêves et des illusions! La laideur est cachée, et l'on peut toujours entrevoir ce qui est grâce, jeunesse et beauté.

La femme fellah ne redoute pas les regards du passant; elle circule à visage découvert. Elle porte la longue robe de cotonnade bleue largement échancrée sur la poitrine nue, et sur sa tête la grande écharpe qu'elle laisse tomber sur ses épaules et jusqu'à terre. Son menton est presque toujours tatoué de trois lignes vertes, et ses ongles rougis de henné. Sa démarche est lente et mesurée, et si elle porte quelque fardeau sur la tête, son attitude prend aussitôt une noblesse de canéphore antique. Souvent on en rencontre portant leur enfant à califourchon sur une épaule, une jambe pendant sur la poitrine, l'autre sur le dos.

Parfois la rue est traversée de cordes où flottent des banderolles éclatantes, et ceci est pour fêter un mariage. Il n'est pas rare d'ailleurs de rencontrer un bruyant cortège, précédé de musiciens qui soufflent éperdument dans des cuivres, et de porteurs chargés de chaises, de fauteuils et de divans : les époux aiment ainsi à faire parade en cet heureux jour de leur joli mobilier du plus pur goût viennois.

Que si d'aventure vous croisez un enterrement, il est bon de vous garer, car il marche à vive allure. Il semble que tous ces gens-là sont très pressés de porter le mort à sa dernière demeure. Le cercueil est en tête, recouvert d'une longue étoffe et porté sur les épaules de quatre hommes. Les parents et les amis marchent à côté en psalmodiant des prières. Derrière suivent à grands pas les femmes, au milieu desquelles des pleureuses à gages font entendre de temps à autre d'aigres et déchirantes plaintes.

Les grandes cérémonies religieuses n'ont jamais cessé d'être en vive faveur. Jadis les Européens n'y pouvaient assister que de loin, sous la

Retour de la caravane de la Mecque.

protection des gendarmes et de la police, un peu comme à Constantinople on leur permet de considérer le sultan se rendant une fois la semaine au Selamlik. Mais aujourd'hui, les mœurs se sont bien adoucies, et même en ces journées exceptionnelles, la rue appartient à tout le monde. Ces fêtes ont d'ailleurs beaucoup perdu de leur ancienne solennité. Une des principales est demeurée celle de la « Coupure » à la date anniversaire ou les eaux bienfaisantes du Nil pénètrent dans les canaux de la ville.

Une des plus ferventes est celle du départ « dite du Tapis », puis celle du retour de la caravane qui va chaque année à la Mecque ; un chameau harnaché de housses brodées, de panaches, de cuivres, porte la litière enfermant le présent du Khédive à la Kaaba de la Mecque. Des musiciens et des soldats le précèdent, la foule des pèlerins de toutes races et de toutes couleurs le suit.

Les fêtes qui en accompagnent le retour sont peut-être plus brillantes

Mirhab et minbar de la mosquée d'El-Mardani.

encore. Dès le matin, la population sort en masse par la porte Bab-en-Nasr (porte de la Victoire), pour se porter au-devant des pèlerins. Les Hadjis apparaissent montés sur des chameaux chargés de bassours, et tout sonores de grelots. Toutes les races musulmanes de l'Afrique se trouvent confondues, Turcs, Arabes, Maugrabins, Marocains, Nègres, Syriens. Leurs visages amaigris accusent de longs jeûnes et de grandes fatigues. « Soyez les bienvenus, » leur crie-t-on. Et eux de répondre :

« Et vous, soyez les bien retrouvés ». A côté d'eux, des cavaliers montés sur de beaux chevaux font fantasia. La foule se presse autour d'eux, on s'appelle, on se retrouve, on s'embrasse, et on se complimente. Des derviches s'avancent en psalmodiant des versets du Coran. Puis marche le chameau qui porte le tapis « Mak-Mal », abrité sous un catafalque pointu en drap rouge, brodé d'or. De longs cordons pendent de chaque côté, tenus par les imans qui marchent en l'accompagnant. Autour d'eux, des musiciens frappent à coups répétés sur des darabouks. Derrière viennent des cavaliers de toutes armes qui ferment la marche. Le cortège va ainsi jusqu'à la place de la Citadelle ou le Khédive l'attend pour recevoir le tapis sacré qu'il baisera en se prosternant.

Palais de l'Emir Bechtak (1330.)

Le retour de la caravane de la Mecque coïncide toujours avec la date anniversaire de la naissance de Mahomet, et ce jour et les suivants les derviches, les fakirs, les psylles, et les jongleurs deviennent les maîtres de la ville. C'est une des bonnes occasions pour les étrangers d'étudier les races multiples du Caire.

En dehors de ces fêtes qui sont pour eux de grandes occasions d'officier, on peut, en temps ordinaire, assister à une représentation des derviches tourneurs. Je dis « représentation », parce qu'il n'est guère admissible que cette cérémonie ne soit pas réglée d'avance en ses développements.

C'est en un quartier assez éloigné de la ville, du côté de Rôda. Les voitures, au jour dit, y amènent à peu près tout ce que le Caire contient de nouveaux étrangers. On pénètre dans un jardin tout ombragé de treilles enguirlandant les piliers qui forment un couloir d'entrée. Ce jardin borde le petit bras du Nil, qu'il domine en terrasse, et sur lequel s'ouvrent aussi les chambres des derviches. Au centre de la cour, une large estrade surélevée de 50 centimètres au-dessus du sol, autour de laquelle sont disposées plusieurs rangées de chaises pour les spectateurs. Sur l'estrade, assis à l'orientale sur une ligne, une vingtaine de derviches, faisant face à l'iman, chantent à toute poitrine les deux cent douze épithètes traditionnellement consacrées à célébrer le Prophète. Tantôt assis, tantôt debout, les têtes couvertes du turban ou nues, ils scandent leur prière d'une voix successivement lente et précipitée, tranquille et saccadée, et la rythment d'un mouvement du corps latéral ou en avant, qui parfois prend une allure violente et convulsée jusqu'à leur faire presque toucher du front le sol. La précipitation du débit à certains instants devient extrême, la voix haletante se brise, les yeux se voilent à demi disparus sous la prunelle, la face prend une expression d'hébétude, jusqu'à ce qu'un brusque arrêt détende tous les visages, et calme cette folie.

Mais ces gens sont-ils convaincus? On ne saurait ni l'affirmer, ni le nier. Il n'est pas douteux qu'en ce jour hebdomadaire de mise en scène, il apparaît que quelques-uns se moquent de la galerie. Mais d'autres paraissent y mettre une conviction effrayante, l'œil fou, la bouche écumante, les traits convulsés. Chez ces derniers, il ne peut y avoir de feinte.

Tel est le Caire actuel, fleur exquise de l'Orient. Les monuments fameux de ses Khalifes, les merveilles de son musée, l'attrait unique de ses vieux quartiers, suffiraient seuls à retenir et à captiver le voyageur. Mais le Nil est attirant. Par la largeur de son lit, l'abondance et la force irrésistible de ses eaux limoneuses venues des grands lacs équatoriaux, par la beauté de ses rives où se groupent de grands bois de palmiers, il apparaît ainsi avec tous les prestiges dont l'imagination des hommes l'orna, depuis l'époque si reculée où les premières civilisations s'éveillèrent sur ses bords. Il invite au voyage, au plus doux des voyages, ce fleuve sacré, le plus riche en passé que l'intelligence humaine ait pénétré.

Mosquée de Daher Beibars.

CHAPITRE III

LES MOSQUÉES-TOMBEAUX DU CAIRE

Chapiteau byzantin de la mosquée d'Amrou.

Il existe au Caire près de 400 mosquées; nous n'avons nullement l'intention de les énumérer toutes, ni, à plus forte raison, de les décrire. Il nous suffira d'en choisir quelques-unes, les plus remarquables, et en les présentant chronologiquement d'essayer de montrer le développement au Caire de l'art arabe qui ne fut nulle part plus florissant, et qui y produisit quelques-uns des plus beaux monuments qu'on connaisse dans le monde musulman.

Il n'y a pas d'art arabe pré-islamique, et son point de départ a été la mosquée. La première qui apparut, celle de la Mecque, semble avoir été une simple enceinte avec quelques parties couvertes. A peu d'années d'intervalle et dans deux pays différents, surgissent à Jérusalem la Koubbet es-Sakra, dite mosquée d'Omar, et en Égypte la mosquée d'Amrou ; la première est un monument déjà admirable, et où les influences et le travail byzantins sont manifestes ; d'heureux hasards nous l'ont de plus conservée dans le plus parfait état. La seconde, au contraire, a subi de telles vicissitudes et fut si souvent remaniée que nous ne pouvons, dans son état actuel, en concevoir la moindre idée.

Cour intérieure de la mosquée d'Amrou.

Quand l'Égypte fut tombée au pouvoir du Khalife Omar, un de ses généraux, Amrou, avait conduit son armée vers le Nil, décidé à fonder une ville sur ses bords. Le premier monument dont il se préoccupa de doter la nouvelle ville de Fostat, fut la mosquée (l'an 21 de l'hégire). Elle était, au dire de l'historien arabe Makrisi, très simple et très primitive ; la toiture en était même si basse, qu'on dut la surélever quelque soixante ans après. Et depuis tous les Khalifes et les Sultans apportèrent leurs fantaisies personnelles à la bouleverser.

Pour y arriver, on doit longer au sud du Caire moderne toute l'immense plaine où fut l'antique Fostat, et qui est maintenant d'une désolation indicible. Un immense aqueduc construit autrefois par Saladin, et qui

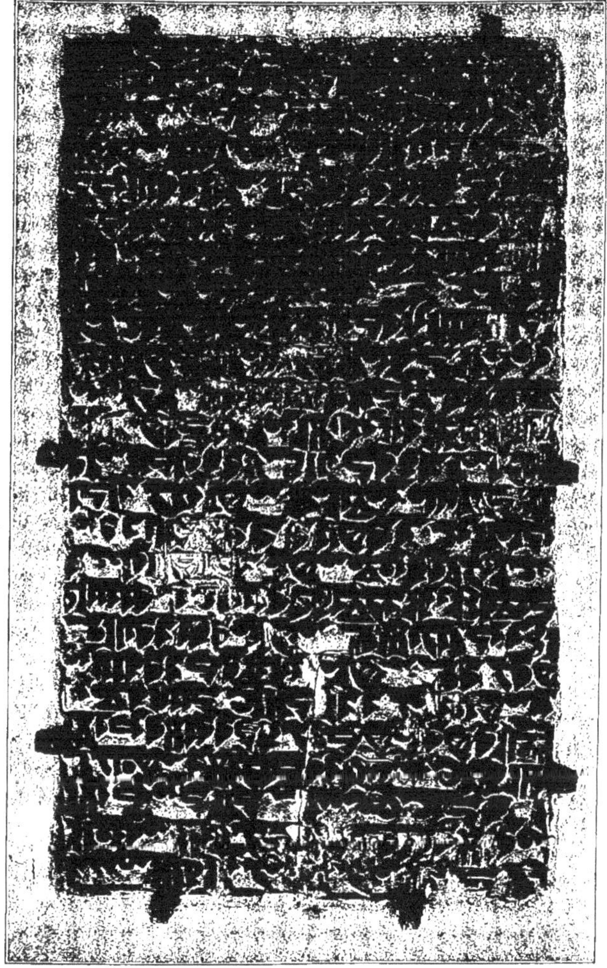

Plaque commémorative de la mosquée d'Ibn Touloun.

amène l'eau du Nil jusqu'à la citadelle, en rompt un peu la monotonie.

On se trouve devant un vaste parallélogramme clos de murs, dans lequel on pénètre par une grande porte. L'aspect est de vétusté et d'abandon. Au milieu de l'immense cour, une fontaine aux ablutions très refaite, jure avec l'état plutôt pitoyable du reste.

Au fond de la cour, le *liouân* ou oratoire couvert, comprenait six nefs encore visibles, portées par des colonnes provenant d'édifices antiques. L'une d'elles présente un creux assez sensible, comme formé par un coup porté. L'imagination populaire a brodé là-dessus ; il faut toujours, en Orient, prêter l'oreille à ce qu'elle raconte, et aux développements poétiques et merveilleux qu'elle sait si souvent en tirer.

Cour intérieure de la mosquée d'Ibn Touloun.

Donc, le khalife Omar, se promenait à la Mecque sous les galeries de de la mosquée et songeait à son fidèle Amrou. Tout à coup une vision lui fit apparaître son lieutenant occupé au Caire à surveiller les travaux de sa mosquée et la mise en place des colonnes. Omar vit une de ces colonnes mal taillée, mal dressée et pouvant compromettre plus tard la stabilité de l'édifice. Il toucha un des piliers de la mosquée de la Mecque où il se trouvait et lui ordonna de partir pour le Caire prendre la place de la colonne inquiétante. Le pilier ne bougea pas. Omar le poussa de la main et répéta son ordre. Le pilier oscilla, comme indécis, puis demeura. Omar entrant dans une violente colère, le frappa de son kourbach en disant : « Au nom de Dieu clément et miséricordieux! va! » — « Tu avais oublié d'invoquer Dieu » répondit le pilier. Puis se détachant de la colonnade dont il faisait partie, il disparut, et vint se placer devant la kibla de la mosquée égyptienne.

Portique de la mosquée d'Ibn Touloun.

La mosquée d'Amrou est à peu près abandonnée; on n'y célèbre le culte qu'une fois par an, en Ramadan; elle présente une noble et mélancolique solitude, les lézards en ont fait leur retraite et courent entre les lézardes des piliers; les hirondelles y décrivent leurs capricieuses arabesques, et maçonnent leurs nids sous la toiture. Et le gardien très modeste, évite de vous poursuivre d'explications bien inutiles, étonné sans doute de la curiosité qu'on apporte à venir visiter un endroit si dénué d'attraits.

Il faut sauter plus de deux siècles pour rencontrer au Caire un monument religieux nouveau, et c'est dans la partie sud de la ville qu'il faut

Chapiteaux byzantins de la kibla de la mosquée d'Ibn Touloun.

le chercher. On a toutes les peines du monde à en découvrir l'entrée, cinq de ses portes ayant été murées. On longe des murs interminables au milieu d'un quartier né avec la mosquée même, mosquée qui devait être aussi une forteresse, à en juger d'après le chemin de ronde qui l'entourait d'une seconde enceinte.

C'est en 876 que le sultan *Ahmed ibn Touloun* chargeait un architecte copte de construire sa mosquée sur la colline de Yachkoûr, et dès qu'on en a franchi le seuil, on est surpris de ses dimensions énormes, et de la beauté de son ordonnance. Elle n'a pas moins de 143 mètres sur 119. Ici encore se présente la disposition d'un *Sahn* ou cour centrale, entourée de *Liouâns* ou portiques. C'est le plus beau spécimen de mosquée à portiques qu'on puisse voir. Il faut remarquer les belles OGIVES dont sont formées les arcades, et la décoration des chapiteaux ainsi que des frises, où tout le goût byzantin se manifeste encore. C'est ici pour la

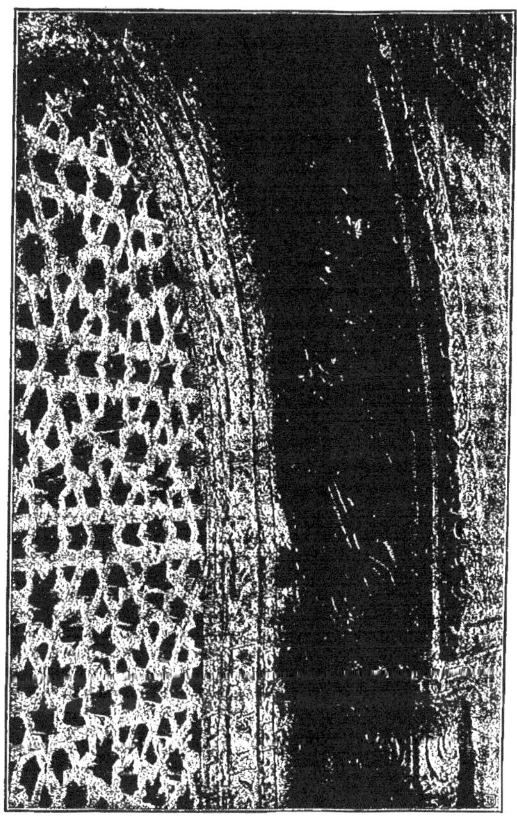

Clôture de fenêtre en plâtre ajouré de la mosquée d'Ibn Touloun.

première fois qu'apparaît dans le monde l'arc *ogival*, comme élément caractéristique et systématique de l'architecture. Le mur de fond est percé de verrières arabes, où les cloisons de plâtre offrent une infinie variété de motifs. — Le *Mirhab*, ou niche symbolique, indiquant au priant la direction de la Mecque vers laquelle il doit se tourner, est revêtu de mosaïque de marbre et de verre. — Le *minbar*, ou chaire à prêcher, était un des plus merveilleux travaux de menuiserie arabe qui aient été faits au Caire. Des inscriptions indiquent qu'il avait été construit par le sultan Housâm-ed-din-Lachin, qui restaura la mosquée au XIVe siècle.

Portail de la mosquée d'El-Azhar.

L'assemblage des ornements polygonaux de bois de cèdre incrusté d'ivoire, y présentait des motifs décoratifs d'une invention surprenante. La façon dont le bois était sculpté indiquait une vigueur d'outil remarquable — Il faut bien en parler au passé, car presque toutes les parties en sont aujourd'hui au Kensington Muséum de Londres.

L'immense cour sur laquelle on débouche au sortir des nefs un peu sombres comme celles d'une basilique, ne laisse apercevoir au delà des

Les minarets de la mosquée d'El-Azhar.

murs extérieurs de la mosquée qu'un vaste horizon de ciel dans lequel se dessine sans cesse le vol lent et circulaire des milans et des faucons. Un minaret vient seul rompre de son élancement l'horizontalité des lignes; il est en forme de tour massive et l'escalier qu'il renferme finit en colimaçon comme celui d'un donjon féodal. On découvre de la plate-forme, une vue admirable, dont les premiers plans, fournis par les quartiers contemporains de la mosquée et tassés contre elle, ne sont pas les moins intéressants.

Ce fut, à vrai dire, la seconde ville, et qui survécut avec mille transformations à la première (Fostat) au nord de laquelle elle était venue se fonder. Elle avait reçu le nom du *El qata iyah* (fief) et l'un des plus

Cour intérieure de la mosquée d'El-Azhar.

récents historiens du Caire, et le plus sagace, M. Herz-bey, nous dit « que « cette nouvelle cité était vite parvenue à la plus grande splendeur : de « merveilleux jardins, de riches palais, des mosquées splendides, embel- « lissaient ses rues. Le palais que Touloun s'y était fait construire surpas- « sait les autres édifices par son étendue et la magnificence de sa construc- « tion et de sa décoration ».

En l'an 969 le khalife *Mouizz* dont le royaume s'était étendu dans l'Afrique du Nord jusqu'à Kairouan, se rendait maître, par les heureuses victoires de son général Gohar, de l'Égypte, et allait y fonder cette dynastie *fatimite* qui, pendant deux siècles, y brilla d'un si vif éclat. Les princes de cette dynastie s'étaient donné le nom de fatimite, parce qu'ils prétendaient descendre de Fatma, fille du prophète.

Il voulut de suite y fonder une nouvelle capitale, rivale de Bagdad, alors au faîte de la grandeur. Le tracé de son enceinte, la porta vers le

Bab-en-Nasr.

nord-est, jusqu'au pied des montagnes de Mokattam, et on lui donna le nom d'*el-Qàhirah,* la victorieuse; dès lors, aux yeux des Arabes, il n'y eut plus que deux villes, Masr el-Qàhirah, et Masr el-Atiqâh, le Caire et le vieux Caire (Fostat). Et la nouvelle ville se couvrit très vite de monuments admirables. De cette glorieuse époque date la mosquée *El-Azhar*.

Terminée dès 971, elle subit depuis lors des remaniements qui altérèrent son plan primitif; mais jamais elle ne perdit le double caractère qu'elle eut à l'origine, de maison de prière et de maison d'enseignement. Le collège qu'y établit en 978 El-Aziz, le fils du kalife El-Mouyzz, acquit très vite une grande renommée, et demeura jusqu'à nos jours l'Université la plus célèbre de tout le monde musulman. Les clercs y affluent encore de tous les pays d'Islam, et c'est un spectacle unique que celui des vastes

Mosquée d'El-Hakem et son minaret.

préaux où se presse la foule des étudiants de tout âge et de toute race, les Turcs et les Persans, les Indous et les Syriens, les Algériens et les Nègres. Sur les nattes qui couvrent le sol, étendus ou assis, plongés dans le sommeil ou la méditation, écrivant ou lisant, priant, disputant, ou attentifs à la parole d'un maître, ils peuplent ce lieu d'une rumeur légère, et du va-et-vient de leurs pieds respectueusement déchaussés. L'infidèle peut y poursuivre sa visite sous la conduite d'un guide, mais bien des yeux farouches et où brille confusément une flamme de fanatisme semblent la supporter, bien plutôt qu'ils ne l'accueillent. On se sent transporté ici au milieu de coutumes très anciennes, dans quelque Sorbonne ou quelque Oxford

Façade de la mosquée d'El-Akmar.

musulman, où rien pour ainsi dire n'aurait bougé depuis les lointaines origines.

On arrive par une rue étroite et tortueuse à l'entrée principale, la porte des Barbiers, très postérieure à la mosquée, et qu'éleva au XVIIIe siècle Abd er-Rahmân ; de la cour centrale, on voit se dresser dans le ciel cinq merveilleux minarets, d'une élégance et d'une grâce singulières, et qui témoignent ici d'une des belles inventions de l'architecture arabe. Aucun d'entre eux n'est semblable, et chacun est d'une fantaisie capricieuse et charmante. De tous les points élevés du Caire on les voit, et ils sont toujours une des joies des vues plongeantes.

Une des particularités remarquables de la mosquée d'El-Azhar (qui est commune avec tous les autres monuments fatimites), ce sont les arcs

Tombeau, Sebil et medresseh Saleh Nigm-ed-Din.

de ses portiques qui sont de forme dite *persane*, c'est-à-dire engendrés par un arc de courbe terminé à chaque extrémité par une tangente, influence due aux origines Chiites des Fatimites.

Le grand lioûan ouvre une perspective profonde et de lumière tamisée avec ses huit rangées de colonnes, prises aux plus beaux édifices du monde antique. Elles sont tantôt simples, tantôt géminées, parfois mais rarement par groupes de trois. L'effet quand on y pénètre est surprenant; ici, comme à Cordoue, la forêt de colonnes ouvre un infini auquel ramène toujours le peu d'élévation du portique. Dans cette lumière discrète, et que les colonnes rompent de mille jeux changeants, chantent harmonieusement les costumes bariolés des groupes d'étudiants.

L'Université d'El-Azhar compte plus de 300 professeurs et de 9.000

Façade du maristan de Kalaoun.

élèves : chaque rite y a son quartier, avec son nazir ou inspecteur. La durée des études y est de trois à six ans, et l'enseignement gratuit. Les étudiants pauvres reçoivent tous les deux jours des petits subsides de pain, d'huile, et même d'argent. — L'hospitalisation s'y donne aussi aux musulmans pauvres et étrangers qui peuvent y passer la nuit sur les nattes étendues sous les galeries. — Il ne faut donc pas s'étonner que les frais d'entretien y soient élevés, à peu près de 600.000 piastres (150.000 francs). Ce budget est alimenté en partie par une subvention de l'État, et en partie par les revenus des biens des *Ouakfs* ou domaniaux, et aussi par

Mirhab du maristan de Kalaoun.

les revenus de fondations pieuses qui sont assez fréquentes, telles que dans les Universités anglaises ou américaines.

De quelle valeur y est l'enseignement? On ne saurait le dire, tellement les moyens de contrôle y font défaut. Mais il n'est pas douteux qu'il doit y être très traditionnel et retardataire, et les esprits de progrès s'en affranchiront peu à peu, en demandant à leur tutrice, l'Angleterre, des moyens d'émancipation intellectuelle plus en rapport avec leur future destinée.

Quatre autres mosquées au Caire datent encore de la dynastie Fatimite : la mosquée d'El-Hakem (1003) où furent primitivement exposées les collections d'art Arabe ; et où les arcs exceptionnellement retournent à la forme ogivale, comme à la mosquée de Touloun, — la Gama el-Gueïou-

Portail de la medresseh de Mohammed-en-Nassir.

chi, — la charmante petite mosquée d'El-Akmar (1125) récemment dégagée des masures qui l'entouraient — et enfin la mosquée Saleh-Telayeh, rappelant beaucoup la mosquée d'El-Hakem.

C'est aussi de l'époque fatimite que datent les murailles de l'est, et les portes monumentales, dont Bab-en-Nasr, la porte de la Victoire, est un des spécimens les plus parfaits. Elles datent de la fin du XIe siècle, et du règne d'El-Mostanser. Elles apparaissent très différentes de l'art arabe purement égyptien, et les inspirations romano-byzantines y apparaissent flagrantes. Elles rappellent le plein cintre des portes romaines, et les trois frères syriens d'Edesse appelés en Égypte à la fin du XIe siècle, qui les construisirent avaient dû certainement étudier de près les monu-

Mirhab et minbar de la medresseh de Mohammed-en-Nassir.

ments d'architecture militaire romaine et byzantine dont la Syrie était couverte.

C'est par la porte Bab-el-Nasr que l'armée française entra au Caire en 1798.

La dynastie fatimite s'était éteinte, victime de la rivalité des vizirs.

L'Égypte et la Syrie trouvèrent bientôt un maître en la personne du kurde *Saladin*. Son règne et celui de ses successeurs furent une suite de luttes intérieures et extérieures mémorables, dont la reprise de Jérusalem sur les Croisés, en 1187, ne fut pas un des épisodes les moins fameux.

Minaret de la medresseh de Mohammed-en-Nassir.

Cette dynastie Ayyoubite éleva beaucoup de medresseh (collèges) auprès de ses mosquées, pour y faire revivre l'enseignement des quatre doctrines de la foi musulmane.

Deux de ces monuments sont particulièrement remarquables :

Le premier groupe de monuments élevé par le sultan Saleh-Nigm-ed-Dîn, comprenait : une mosquée, un minaret, une école et un tombeau. Les restes qui subsistent en sont du plus haut intérêt. Ici comme dans le tombeau de l'Imâm-el-Chafey (1211), presque contemporain, se rencontrent peut-être les plus belles sculptures de bois qui aient été faites au Caire. Les portes, les vantaux de fenêtres, et les panneaux des catafalques, présentent de petits panneaux assemblés où la ciselure du bois atteint le plus haut point de délicatesse nerveuse et simple.

Déjà avec les fatimites s'étaient éteintes les premières dynasties princières de l'Égypte ; l'accession au pouvoir des esclaves dont les grands dignitaires avaient formé leurs gardes, et qui les trahissaient, devint de plus en plus fréquente, et toute cette période de l'histoire de l'Égypte musulmane est remplie d'heureux coups de force qui portent au pouvoir des mammlouks audacieux.

Quelques-uns furent toutefois des souverains remarquables : Beïbars-el-Bondoukari, Kalaoun-el-Mansour, Mohammed-en-Nassir, Hassan, tous princes intelligents, actifs et amis des arts, eurent des règnes glorieux et brillants : sous leur impulsion, le Caire se couvrit d'édifices d'une splendeur incomparable, et l'on peut dire du XIVe siècle qu'il fut pour l'art arabe un âge d'or.

Selon une loi que nous avons déjà pu constater, c'est du sud au nord que le Caire s'accroissait des nouveaux quartiers, des palais et des mosquées dont chaque nouveau prince voulait marquer son règne. A la suite du Caire fatimite et de ses palais qui ont disparu depuis cinq ou six siècles, nous pouvons admirer encore dans la rue Gohergyeh un des groupes de monuments les plus beaux que le passé nous ait légués.

Il est en un des points les plus animés et les plus grouillants de la vieille ville, et les édifices ne s'y sont pas dégagés des échoppes qui dès l'origine s'étaient collées à leurs flancs. Ce sont là ces végétations parasites qui se développent aux dépens des grands corps organisés, et c'est un élément pittoresque dont jadis nos grandes cathédrales gothiques n'étaient pas privées.

Trois monuments se font suite, collés les uns aux autres : la mosquée-tombeau de Kalaoun, la mosquée de Mohammed-en-Nassir, et celle de Barqouq dont nous parlerons plus loin, puisqu'elle est postérieure aux deux premières.

La mosquée-tombeau de Kalaoun, offre un portail simple et élégant, à droite duquel s'étend une façade en pierres de taille de deux couleurs alternantes, où de grandes ogives à baies géminées rappellent notre architecture normande. Le minaret un peu trapu, est très imposant — on pénètre par un large couloir jusqu'à la porte d'entrée du tombeau, et sitôt qu'on y a pénétré, on est saisi d'admiration. Dans une vaste salle carrée, quatre piliers et quatre colonnes en granit rose combinés, forment un octogone. — La décoration intérieure est d'une rare richesse : la niche du mirhab est décorée d'une merveilleuse mosaïque combinée avec des rangées de petits arceaux de marbre ; les murs et les piliers sont revêtus de mosaïques. Au centre, le catafalque du Sultan est entouré d'une grille de bois qui est une merveille de tournage. — De l'ancien *Maristan*, l'hôpital des fous, que Kalaoun avait fait construire un peu en arrière de sa mosquée, il ne reste rien, et les cabanons sont loués aujourd'hui à des artisans.

De la mosquée que Mohammed-En-Nassir faisait élever, à la suite de

Cour centrale à coupole de la mosquée du sultan En-Nassir, à la citadelle.

celle de son père, il ne reste rien d'autre que le portail ; il offre cette particularité d'être le porche gothique de l'église d'Akka (1291), et d'y avoir été enlevé par le sultan El-Azziz frère d'En-Nassir, et rapporté au Caire comme un glorieux trophée.

Pour trouver la mosquée du sultan Hassan, il faut revenir sur ses pas et se diriger vers la citadelle; on rencontre en chemin la belle mosquée de l'*Emir El-Mardani*, contemporain d'En-Nassir. Elle possède un mirhab célèbre, tout étoilé de nacre, de pierres rouges et d'émail bleu. Elle vient d'être l'objet d'une complète restauration fort bien menée par

Herz-Bey. — Puis un peu plus loin, la mosquée de l'*Emir Ak-Sounkor* (1346); elle fut entièrement restaurée en 1651 par Ibrahim Agha, et les revêtements de carreaux de faïence qui datent de cette époque, sont les seuls qui existent encore au Caire. La cour de cette mosquée est charmante, avec sa fontaine ombragée de beaux arbres.

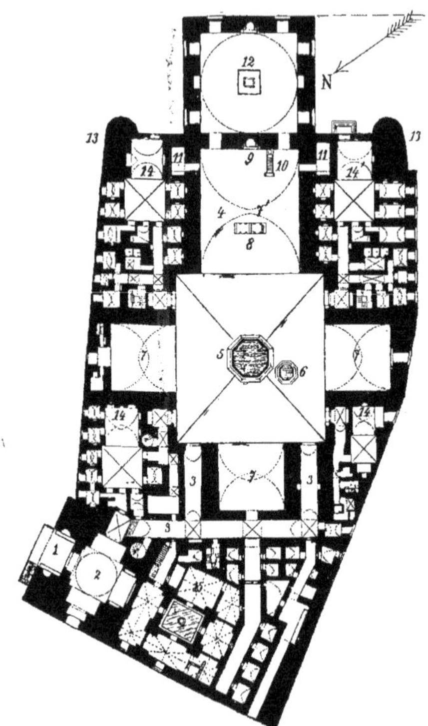

1. Portail.
2. Vestibule.
3. Corridor.
4. Salon de la mosquée.
5. Meïdah (fontaine aux ablutions).
6. Hanefiyé (petit bassin aux robinets).
7. Liouân (grandes salles voûtées).
7'. Liouân du sanctuaire.
8. Dikka (chaire).
9. Kibla ou Mirhab.
10. Minbar (chaire à prêcher).
11. Cabinet des Imans.
12. Tombeau.
13. Les deux minarets.
14. La salle des quatre doctrines.
14'. Celle des Malechites.
15. Salle de purification des pèlerins.

Plan de la mosquée du sultan Hassan.

La mosquée du sultan Hassan le septième fils d'En-Nassir est la perle des mosquées du Caire, et certainement après la mosquée d'Omar à Jérusalem, le plus beau monument que l'art arabe nous ait laissé. Construite entre 1356 et 1362, n'ayant été jusqu'alors l'objet d'aucune réfection (ce qui est rare au Caire), elle se présente à nous dans tout le charme d'une vétusté où cependant ont sombré quelques lambeaux de son ancienne splendeur. En 1868, Auguste Salzmann avait fait un projet de conservation dont les chiffres parurent trop modestes au gouvernement d'Ismaïl,

Grand portail de la mosquée du sultan Hassan.

habitué à jongler avec les millions. On préféra alors laisser se consommer lentement la ruine de la mosquée d'Hassan, et consacrer des sommes

Cour intérieure de la mosquée du sultan Hassan.

folles à élever en face d'elle à la mémoire du scheik Riffaye une colossale mosquée sur les plans de l'architecte Hussein-Bey, qui voulut y faire revivre respectueusement les grands principes de l'architecture arabe ancienne. Mais il n'était pas libre : Khalil-Agha, chef des eunuques de la vice-reine, qui était alors tout-puissant, contrariait sans cesse ses plans ; si bien qu'un jour, le malheureux architecte eut un coup de sang. Le monument est demeuré inachevé ; tandis que de l'autre côté du boulevard Mehemet-Ali, la vieille mosquée d'Hassan, encore droite et gigantesque sur ses puissantes assises mesure la honte à cet avortement.

C'est de ce côté qu'elle se présente sous son aspect le plus saisissant,

Intérieur de la mosquée du sultan Hassan.

avec l'énormité de ses murailles de 150 mètres de long, creusées de longues rainures verticales à huit rangs de fenêtres qui en augmentent encore les proportions, sa magnifique porte colossale dont la voûte en encorbellement est décorée de riches stalactites, sa coupole de 55 mètres de hauteur, et son immense minaret qui a 86 mètres, le plus élevé du Caire. Elle a ce même aspect de forteresse qu'a chez nous un autre lieu de prière, la cathédrale d'Albi. Et de fait, se dressant ainsi devant la citadelle, les révoltés plusieurs fois s'y enfermèrent et s'y fortifièrent. Ce fut là que, pour la dernière fois, le 21 octobre 1799, les Arabes révoltés, s'étaient réfugiés et y furent bombardés de nos projectiles.

Le portail est malheureusement privé de la splendide porte à deux vantaux de bronze dont le sultan El-Mouayyed le dépouilla pour en parer

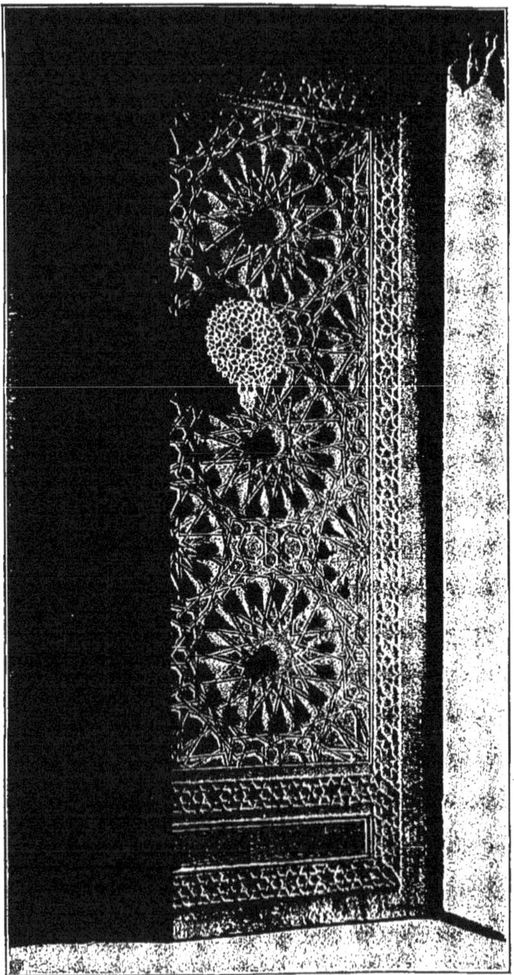

Porte de bronze incrustée d'argent de la mosquée d'Hassan, remployée à la mosquée d'El-Mouayyed.

sa mosquée. Un corridor aboutit à la grande cour cruciforme dont les quatre liouâns sont formés d'arcs du plus pur style. Celui de l'est, le principal, surélevé d'un degré au-dessus de la cour est orné d'un beau revêtement de marbre couronné d'une frise de caractères Kouffiques ; le minbar est d'un beau travail, et une longue dikkah (tribune) de marbre est porté par trois pilastres et huit colonnettes. Du plafond pendent encore les longues chaînes auxquelles étaient accrochées 70 de ces grosses lampes

Portique de la mosquée du sultan El-Mouayyed.

de verre émaillées, chefs-d'œuvre imcomparables, dont chacune vaut aujourd'hui une fortune, et que les amateurs s'arrachent à prix fantastiques. Au centre de la cour, chante le jet d'eau d'une fontaine aux ablutions recouvert d'un toit recourbé de forme tartare.

A droite du minbar, une magnifique porte composée d'un assemblage d'étoiles de bronze niellées d'or et d'argent, d'une somptuosité assourdie par la patine du temps, donne accès dans le tombeau du Sultan. C'est une vaste salle carrée, surmontée de la haute coupole, revêtue jusqu'à 8 mètres

Portail de la mosquée du sultan El-Mouayyed.

du sol d'un lambris de marbre, et plus haut d'une énorme frise de bois de caractères massifs qui donnent la date de l'achèvement de la primitive coupole (1362) deux ans après la mort du Sultan. Rongés par le temps, troués par les vers, ayant perdu presque toute peinture ou dorure qui les ornaient, ils sont encore beaux dans leur délabrement et leur lutte contre le temps. Au centre, le tombeau d'Hassan, très simple, de forme oblongue, est protégé par une balustrade de bois.

Cour intérieure de la medresseh de Kait-Baï, *intra muros*.

Avec les Sultans Mammlouks Circassiens finissent, à vrai dire, les belles mosquées du Caire ; ils furent en général, eux aussi, amoureux des belles choses, et désireux de laisser des témoignages monumentaux de leur puissance. Chacun a construit sa mosquée et son tombeau, presque toujours accompagnés d'un *sebil* (fontaine publique) et d'une *medressa* (école). Elles sont plus petites de dimension, ingénieuses de combinaisons, harmonieuses de proportions, et souvent ornées à l'extérieur, ce qui est une grande nouveauté.

Intérieur de la medresseh de Kait-Baï, *intra muros*.

Barkouk a la sienne contiguë à celle d'En-Nassir : sa grande porte de bronze composée de petits polygones de bronze incrustés d'argent, est une merveille qu'on ne se lasse jamais d'admirer.

El-Mouayyed, protecteur des sciences, a construit la sienne en 1415; récemment restaurée, peut-être avec excès, elle est à juste titre une des plus célèbres du Caire. Elle possède la splendide porte enlevée à la mosquée d'Hassan, dont les énormes panneaux en bois de tilleul sont plaqués de rosaces polygonales de bronze étonnamment repoussées et refouillées. Elle a son superbe minbar, et son tombeau en marbre blanc décoré d'une inscription kouffique en fort relief.

Intérieur de la medresseh de Kait-Baï.

Barsbaï et Kait-Baï ont aussi les leurs, charmants petits monuments d'une élégance extrême.

Le sultan El-Achraf Qansou-el-Ghoûri a laissé enfin au commencement du XVIe siècle les derniers édifices de sa dynastie, qui forment au Caire un des groupes de monuments les plus charmants et les plus pittoresques. C'est en un carrefour de la rue El-Ghouri, une des plus vivantes du Caire. Un incessant mouvement y règne, une confusion de bêtes et de gens, des boutiques de quatre planches, recouvertes d'une toile, s'accrochent à la base même de l'édifice, et en font un organisme vivant; des passages voûtés l'entourent, sur lesquels on plonge des fenêtres même de la cour intérieure. Sur les marches de ses escaliers dorment ou paressent des loques vivantes. C'est, d'un côté, la mosquée, toute petite, mais si gracieuse, d'un goût pur, d'une ornementation raffinée. Plutôt adorable demeure, qu'édifice religieux. Quel rêve réalisé serait d'y pouvoir vivre

Intérieur de la medresseh du sultan El-Ghoûri.

étendu sur des tapis ou des nattes, dans le silence et la fraîcheur, dans la pénombre des liouâns abrités, avec le carré de ciel que le sahn découpe dans l'espace, seule échappée sur le monde extérieur. Puis de l'autre côté de la rue le tombeau du Sultan qui ne reçut jamais son corps, car dans une bataille contre Selim, tombé de cheval, il mourut piétiné par le galop de sa propre cavalerie, et à l'angle de la rue, le sebil avec sa fontaine de mosaïque de marbre.

Ce fut alors bien fini. Les Turcs, vainqueurs, s'étaient emparés de la riche Égypte : le Caire n'est plus qu'un chef-lieu de province de l'Empire ; l'essor des arts est arrêté. Sans doute, il y aura encore de jolis monuments, telle cette mosquée du cheik Bordeini, mais d'aspect trop riche, d'ornementation trop chargée, où la nacre et l'or papillotent avec excès. Et

Mirhab et minbar de la mosquée du cheik Achmed el-Bordeini.

cela finit par la mosquée de Mehemet-Ali, à la citadelle, monument de parvenu, où s'exagère le mauvais goût turc. Les stèles s'y bariolent de couleurs terribles, les glaces y apparaissent et les lustres en cristal de Venise. C'est à l'art arabe, ce qu'est en Italie le style jésuite à l'architecture de la Renaissance.

La Plaine des Tombeaux des Khalifes.

CHAPITRE IV

TOMBEAUX DES KHALIFES ET TOMBEAUX DES MAMMLOUKS

Écusson arabe.

Il n'y a plus, depuis bien longtemps, de cimetières à l'intérieur de la ville. Ils ont tous été reportés hors des murs, à quelque culte qu'ils appartiennent. Les deux groupes anciens les plus intéressants s'étendent au pied de la chaîne du Mokattam, de chaque côté de la citadelle, d'où l'on peut les dominer. Les voyageurs leur ont donné le nom de Tombeaux des Khalifes, et de Tombeaux des Mammlouks, bien que cette appellation manque de justesse.

Il serait plus exact de nommer le premier

groupe « Nécropole des Sultans circassiens » c'est, en effet, là que se dressent les tombeaux de la plupart des princes de la dernière dynastie mammlouk. Ils sont au nombre de plus de vingt, et s'égrènent dans une

Mosquée funéraire du sultan Kait-Baï (1463), au Désert.

immense plaine sablonneuse et déserte entre la montagne et la ville. Ce site est empreint d'une mélancolie et d'une grandeur sauvage indicibles. Les monuments s'y dressent, la plupart à demi ruinés, dans un fier isolement où leur grandeur passée se console de l'oubli du présent. Ils semblent abandonnés; les infidèles seuls, respectueux de tout ce qui porte une noblesse d'art, les visitent. Le paysage, où la lumière s'épand librement, semble immense; des files de chameaux y rappellent parfois le désert voisin; le galop d'un cavalier, dont la légère gandourah claque au vent, y note la libre vie nomade que la mort seule saura fixer; de grands rapaces y planent dans les espaces du ciel où le soir de grands nuages

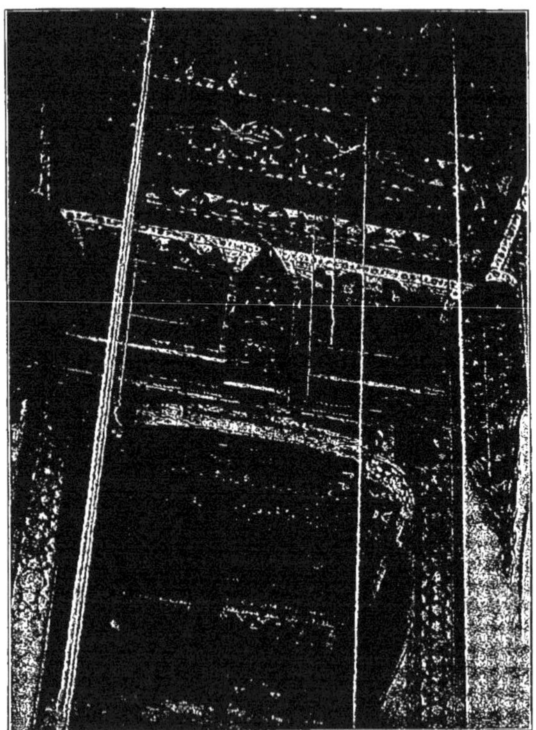

Plafond de la mosquée funéraire du sultan Kait-Baï.

d'orage cuivrés s'assemblent souvent en troupeaux monstrueux. Les âmes romantiques aiment aussi à y venir rêver par les belles nuits claires où la lune répand sur toutes choses sa lumière morte; dans le grand silence que traversent les aboiements lointains des chiens de la ville, et les glapissements des chacals dans la plaine, les tombeaux y grandissent farouches et fantastiques.

Le plus célèbre et l'un des monuments les plus parfaits qui soient, est le tombeau du sultan Kait-Baï (1472). C'est une des œuvres tout à

Sanctuaire de la mosquée funéraire du sultan Kait-Baï.

fait caractéristiques de l'architecture arabe au XVe siècle, et je ne crois pas qu'aucun art ait rien produit de plus harmonieux, et de proportions plus justes.

Au centre, le portail : à gauche le sebil aux grandes baies grillées surmonté de sa loggia, et débordant un peu à l'arrière-plan le tombeau surmonté de sa coupole décorée extérieurement d'entrelacs et d'arabesques d'une délicatesse telle que seule en pourrait offrir une somptueuse orfè-

Mosquée funéraire du sultan Barkouk, au Désert.

vrerie. A droite, le minaret, un des plus hardis du Caire, partant de la base cubique, passant au carré, puis à l'octogone, puis au cylindre, par un calcul de proportions d'un surprenant résultat, se dresse vers le ciel avec une pureté de lignes qui donne à l'esprit une joie confiante toute particulière.

L'intérieur, qui a été l'objet d'une récente restauration, poussée peut-être un peu trop loin, ainsi qu'il en a été dans plusieurs autres monuments arabes du Caire, offrait une grande somptuosité de décoration. Le *sahn*, primitivement couvert et de petites proportions, présente le plan cruciforme, Le minbar, qui a dû être merveilleux, a été refait presque totalement.

Les plafonds ont actuellement peu de parties anciennes. Tous les vitraux sont modernes.

La mosquée-tombeau de Kait-Baï est enclavée dans un petit village qui vivote à son ombre. Quelques maisons, un petit café où les habitants paraissent passer le meilleur de leur temps, puis la plaine s'ouvre immé-

Tombeau du sultan Barkouk.

diatement devant vous, jalonnée de beaux vestiges de tombeaux qui lentement y dépérissent. Celui du sultan El-Achraf-Barsbai (1431), celui du sultan Ahmed, puis celui du SULTAN BARKOUK.

Ce dernier, des plus importants, dut être un des plus beaux monuments du Caire. Il est aujourd'hui dans un terrible état de délabrement. Le plan est carré, avec deux minarets sur la façade ouest, et deux coupoles sur la façade est, symétriquement. A l'angle nord de la façade ouest s'élève un élégant sebil avec son Kouttâb. La nudité des surfaces est atténuée, comme à la mosquée du sultan Hassan, par de hautes rainures verticales, qui leur donnent en même temps de la grandeur. Une vaste cour intérieure à portiques, est ornée au centre d'une jolie fontaine octogonale. Le liouân principal renferme un minbar en pierre sculptée qui est un des plus merveilleux travaux arabes qui existent : la fantaisie et la richesse

Mosquées funéraires de l'emir El-Kebir et du sultan Achraf-Inâl, au Désert.

des motifs décoratifs en égalent la prestigieuse exécution. Une inscription qu'il porte, indique qu'il fut donné au couvent par le sultan Kait-Baï en 1483. Aux deux extrémités de ce liouan, de grandes doubles portes donnent accès à deux salles renfermant des tombeaux. Sous la coupole sud, les trois tombeaux des femmes du Sultan, sous la coupole nord, trois autres tombeaux, celui de *Barkouk*, élevé sur deux marches de marbre noir et brun, porte des frises d'inscriptions coraniques : celui de son fils Farag, dont le corps décapité sous les murs de Damas, ne fut jamais rapporté à sa sépulture; et le tombeau d'Abdel-Aziz, deuxième fils de Barkouk.

Au delà de la mosquée de Barkouk, et en se dirigeant vers le nord, on rencontre encore la mosquée de l'emir Kebir, de très élégante

Mausolée de l'imâm Châfaï.

silhouette, puis le couvent-tombeau du sultan El-Achraf-Inâl, puis enfin, celui du sultan Abou-Saïd Qansou. Ensuite c'est la solitude, le Djebel-Ahmar développe vers le nord-est la chaîne de ses collines rouges ; à l'ouest et un peu en contre-bas dans la plaine, le Caire incline vers le Nil ses quartiers que dominent les coupoles et les minarets.

Le groupe de monuments funéraires connus sous le nom de *Tombeaux des Mammlouks* se trouve au sud de la ville, derrière la citadelle. Comme toujours en pays arabe, aucun plan préconçu n'en a réglé l'ordre, et cela d'ailleurs est un charme : ils se dressent au hasard, groupés parfois, parfois isolés et séparés les uns des autres par des tombes modernes. Ils

Intérieur du mausolée de l'imâm Châfaï.

donnent plus encore que les tombeaux des Khalifes, l'impression de ruines, et semblent avoir servi de carrières, où les entrepreneurs de la ville venaient se ravitailler de belles pierres toutes taillées. Les seules inscriptions que l'on retrouve sur quelques-uns d'entre eux sont purement coraniques : pas de noms, pas de dates; le style toutefois autorise à les considérer comme de l'époque des Mammlouks circassiens.

Si l'on y vient de la citadelle, la vue en est particulièrement saisissante; le Mokattam fuit vers le Sud, portant niché dans un creux de ses pentes le couvent de Maghaoûri, et profilant sur le ciel les mosquées abandonnées d'El-Gueïoûchi et d'El-Kalaouâti. Tout au bas, dans la plaine, le tombeau à double coupole, dit « de la mère du Sultan Aasan », puis le tombeau de l'*Imâm el-Châfaï*, surmonté d'un croissant, et les tombeaux de la dynastie régnante, puis, très loin, à l'horizon, les Pyramides de Ghizeh.

Les rochers de Mokattam.

A vrai dire, seule la mosquée élevée à la mémoire de l'*Imâm el-Châfaï*, fondateur de l'une des quatre doctrines orthodoxes de l'Islam, mort en 820, s'impose particulièrement, et cette visite est très difficile aux chrétiens. Le monument passe pour dater de Saladin. Le tombeau de l'Imâm et celui de la mère du sultan El-Kâmel sont couverts d'extraordinaires sculptures de bois. Ici, comme au tombeau du sultan Nigm-ed-Dyn, dans la ville, se retrouvent les plus beaux caractères du style décoratif de l'époque des Ayoubites (commencement du XIIIe siècle); comme sculptures de bois, en place, le Caire ne possède rien de plus beau : il faut aller au musée de l'art arabe, où ils sont déposés, pour voir les fragments provenant de monuments de cette époque, ou de l'époque antérieure fatimite.

Sur les pentes de ce Mokattam aride, rocailleux et crevassé, qui, vers l'est, fait au Caire un rempart uniformément jaune, une petite oasis verdoie, un coin de fraîcheur dans ce lieu de désolation. A travers quelques arbres aux feuillages grêles, des poivriers ou des mimosas, un petit

Couvent des Derviches.

pavillon peint en rose apparaît avec trois fenêtres ouvertes sur la plaine, et un peu en arrière, tout à fait collée à la montagne, une façade peinte de bleu clair : c'est le couvent des moines persans, les Bectaschites; et là s'élève le tombeau du fondateur de la secte, Bectasch, qui vécut au XIIe siècle, parcourut un peu en prophétisant toutes les provinces de l'Empire turc, et vint mourir au Caire.

Nous avons ici un des types les plus parfaits de ces couvents de la Thébaïde : on y peut évoquer les jours heureux que des hommes désintéressés des vanités et des vains efforts, venaient mener, dans les joies alternées de ferveur religieuse, et de contemplation sereine de la nature. Loin du bruit, dans une retraite sûre, le paysage grandiose présentait à leurs regards indifférents, mais béats, un spectacle toujours changeant selon les saisons et les jeux de la lumière, les matins délicats souvent embués d'une fine brume, les midis implacables où le soleil des hauteurs du ciel bleu brûlait la terre fauve, la mince ligne lointaine du Nil baignant ses bois de palmiers verts, et les admirables nuits où la lune, en nappes d'argent, noyait de mystère le paysage. La vie monacale offrait ainsi sans doute un charme puissant que n'ont pas les couvents murés de notre Europe. La méditation et la prière y trouvaient aussi un réconfort que la contemplation de la nature et l'ivresse des grands espaces apportaient aux âmes avides de calme et d'oubli. La prière, semble-t-il, doit s'épancher ici plus librement de l'âme, la nature lui présentant sans cesse des sources ineffables de poésie.

Mais aujourd'hui les moines sont bien de leur époque ; ils ne sont plus solitaires, ils reçoivent des visiteurs, et leur ordre se fait volontiers mendiant. Un escalier de pierre monte du pied de la montagne à la porte du couvent. Dans une petite cour rafraîchie d'un jet d'eau, un moine vous accueille vêtu d'un pantalon bouffant, d'une tunique grise, coiffé d'un haut bonnet de drap blanc. Sa barbe croît très longue. Une gazelle apprivoisée, avec de gracieux et vifs mouvements, vague dans la cour avec d'inquiets effarouchements. Une galerie profonde est creusée dans la montagne, où Bectasch repose dans un petit sanctuaire éclairé de quelques cierges. Le sol de cette caverne, creusée dans le sable durci, est recouvert de nattes et de tapis. Aux parois sont accrochées des panoplies de lances et de haches, et des tableaux ridicules.

On revient avec joie aux quelques mètres carrés dont ces hommes ont su faire un coin si verdoyant dans cette solitude aride. Dans de petits jardins ils ont planté des légumes et des fleurs, à l'ombre des orangers et des cassies. Et de là, la vue est si belle, que l'œil ne se rassasie pas de la contempler.

Vue du Caire. Minaret de la medresseh Serghatmisch.

CHAPITRE V

LE VIEUX CAIRE (FOSTAT). — LES COUVENTS COPTES RODA ET LE NILOMÈTRE. — HELIOPOLIS

Au sud du Caire, on traverse les beaux quartiers neufs d'Ismaïliyeh, où le khédive Ismaïl eut l'intuition que se ferait le grand développement futur de la ville ; de larges avenues se coupant à angles droits, selon un plan rationnel d'où le caprice arabe est banni, sont bordées d'admirables jardins où la poussée hâtive de ces grands arbres de pays chauds a apporté si vite de la fraîcheur et de l'ombrage. Des arbustes chargés d'énormes fleurs écarlates, à l'éclat violent, dissimulent les cottages anglais où les vérandahs et les terrasses ont remplacé les bow-windows des régions brumeuses.

Puis les jardins deviennent plus rares et plus modestes, la plaine apparaît peuplée encore d'un rebut de population qui gîte en des huttes, et un vieil aqueduc, à demi ruiné, dresse à l'horizon ses arches branlantes, donnant à cette solitude un peu du caractère de la campagne romaine.

Construit à l'époque de Saladin pour alimenter d'eau la citadelle, puis rebâti, en 1518, par le sultan El-Ghoûri, il avait sa prise d'eau en une tour hexagonale qui abritait une citerne en communication avec

Saint-Serge. Église Copte au Caire.

le fleuve. Du Nil à la citadelle, l'aqueduc s'attardant en plusieurs coudes offrait un développement de plus de trois kilomètres.

L'aqueduc dépassé, on traverse une bourgade qui a emprunté l'emplacement du vieux Caire : ce fut là qu'Amrou planta sa tente sur laquelle un pigeon s'arrêta, et ce fut là qu'il construisit sa mosquée, aujourd'hui si délabrée. D'innombrables buttes de décombres l'entourent où chaque siècle est venu apporter sa couche de débris : les grandes pluies d'orage qui les ravinent entraînent parfois les terres, et laissent apparaître des débris de tout genre où brillent parfois des fragments de poterie ancienne. Aucune fouille méthodique ni profonde ne fut jamais faite sur cet emplacement de l'ancienne Fostat, et il n'est pas un curieux qui ne le déplore. Il ne semble pas douteux que celui qui la tenterait n'en recueille un bénéfice certain.

Quand Amrou entoura la ville nouvelle de remparts et y construisit sa mosquée, il eut l'adresse de n'en pas exclure les Coptes, descendants des premiers chrétiens d'Égypte. Il leur avait octroyé le libre exercice de leur culte. C'est ainsi que plus tard des églises et des couvents s'étaient construits à côté de la primitive mosquée, et se sont groupés en une enceinte fermée qui s'est appelée « le Kasr ech Cham'ah » le fort de la Chandelle, et qui est demeuré le fief de la communauté Copte. C'est un véritable labyrinthe de ruelles enchevêtrées dans lequel on pénètre par une porte basse ouverte après coup dans l'ancienne enceinte.

Les vieilles églises coptes qu'on y vient visiter sont très difficiles à trouver, car leur architecture est nulle à l'extérieur, et ne les distingue pas des constructions qui les entourent. A l'intérieur la disposition est celle de la basilique byzantine, avec un *narthex* où vestibule, une nef et deux bas côtés, divisés par des colonnes (généralement antiques) supportant des arcs. Au fond se trouve le heikal ou sanctuaire fermé et séparé de la nef par une cloison à claire-voie ou à panneaux pleins d'incrustation d'ébène et d'ivoire. Que la cloison soit de l'un ou de l'autre genre, le tournage de ses moucharabiehs ou la disposition polygonale de ses motifs ornementaux rappelle absolument le style arabe décoratif des mosquées. La fusion des deux éléments byzantin et arabe, rend ces édifices extrêmement intéressants.

La principale de ces églises, *Saint-Serge*, offre de remarquables spécimens de boiseries du XIVe siècle faites d'une combinaison de motifs polygonaux, d'étoiles et de croix, incrustés d'ivoire. L'art purement arabe n'offre pas beaucoup de travaux du même genre qui leur soient supérieurs.

La crypte basse, bien conservée, et qui remonterait au VIe siècle, aurait offert, d'après la légende un refuge à la Sainte Famille lors de la fuite en Égypte.

Une seconde église, *Santa-Barbara*, de mêmes dispositions architecturales, mais très remaniée, possède également une clôture de boiseries dont quelques panneaux formés de figures d'animaux mêlés à des arabesques, sont du plus grand intérêt et du plus surprenant caractère.

Un petit bras du Nil sépare le vieux Caire de l'île de Rôda. Une incessante activité fluviale y règne. De beaux jardins abondamment irrigués lui font une parure toujours verte, et de ses rives la vue du Nil est d'une beauté dont on ne se lasse jamais.

Obélisque d'Héliopolis.

Un intérêt plus spécial s'attache au célèbre *Nilomètre* (El-Miqyas) destiné à mesurer les crues du fleuve, et parfois si anxieusement interrogé. Le Nilomètre antique se trouvait en amont, sur la rive droite du fleuve, vis-à-vis de Memphis. Celui de Rôda, fondé en 715, sous le khalife ommyade Souleïman, se trouve à la pointe méridionale de l'île. Il consiste en un puits communiquant avec le fleuve, et au centre duquel se dresse une colonne octogonale divisée en coudées régulières.

Si les cryptes de l'église copte de Saint-Serge se prévalent du repos de la Sainte Famille au cours de sa fuite en Égypte, elles n'en ont pas le privilège exclusif. Un autre endroit d'Égypte que les traditions chrétiennes ont rendu célèbre pour le même motif, est un village qui s'élève à deux lieues du Caire au nord, près des ruines d'Héliopolis, *Matariyeh*.

La route qui y conduit, dès qu'on a dépassé les derniers faubourgs du Caire, est ravissante, et si typique, qu'elle suffirait à donner une idée de l'Égypte même. Partout où l'inondation par l'inextricable lacis de ses canaux a apporté le limon fécondant, l'herbe pousse épaisse, haute et d'un vert inimaginable. Des fermes et des villas jalonnent ces prairies, entourées de beaux arbres. On suit des allées magnifiques sous une voûte de feuillages, croisant des attelages de buffles qui se rendent aux champs. Aux fins d'automnes, alors que pendant tant de semaines la terre s'est saturée d'eau, le paysage par des matins frais, apparaît enveloppé d'une buée fine et argentée qui en estompe les détails. Toute cette verdure excessive en est atténuée, et ces arbres dont les formes n'ont rien d'exotique, se prêtent dans la brume à des arrangements qui n'auraient pas déplu à Corot.

Mais si l'on tourne court, le sable apparaît brusquement, sans transition ménagée. C'est la séparation nette et tranchée : d'un côté l'oasis verte, de l'autre le désert.

Dans un beau jardin de Matariyeh, des moines coptes montrent « l'arbre de la Vierge », un sycomore agé de moins de trois siècles, sous l'ombrage duquel la Sainte Famille se serait reposée. Mais peu importe : tel qu'il est avec ses branches énormes, son tronc colossal couvert de noms innombrables, ses branchettes portant des chapelets, ses racines sorties de terre et tordues comme des serpents, c'est vraiment un bel arbre.

Au delà de Matariyeh, à moins de deux kilomètres, se trouve l'emplacement d'une des villes les plus anciennes et les plus célèbres, *Héliopolis*, qui exerça sur les croyances de l'antique Égypte, une influence capitale. C'est ici que se forma un ensemble de doctrines en relation avec le culte du soleil, et qui furent l'œuvre d'un collège de prêtres, que les anciens Égyptiens considérèrent toujours comme les précurseurs vénérés de leur culture intellectuelle.

Dans le temple devant lequel s'étendait une avenue de sphinx, on nourrissait le bœuf Mnévis. De nombreux Pharaons y élevèrent des obélisques. Cambyse le ravagea. Abd-el-Latif y vit encore « des figures « effrayantes et colossales de pierres de taille, qui avaient plus de trente « coudées de long, et dont tous les membres sont dans des dimensions « exactement proportionnées. » Son prestige était encore grand au ve siècle avant notre ère, puisqu'il attira les philosophes grecs désireux d'étudier les sciences à leurs sources. Hérodote, Platon, Eudore vinrent y séjourner au milieu des prêtres.

Maintenant il ne reste rien. Les lacs dont parle Strabon ont été bus par le désert. Seul un des deux obélisques de vingt mètres de haut qu'y avait dressés Ousirtesen Ier, est encore debout, mais enfoncé profondément dans le sol.

La Pyramide et le Sphinx.

CHAPITRE VI

LES PYRAMIDES. — LE SPHINX

Les Pyramides s'élèvent sur la rive gauche du Nil, sur le dernier degré de la chaîne Lybique qui s'abaisse vers la plaine et finit en un plateau de sable peu élevé.

La route qui va du Caire aux Pyramides est tout entière admirable, bordée de ces gigantesques acacias qui font une voûte d'ombre et de fraîcheur, entre les terres basses d'irrigation où poussent le coton, le maïs et la luzerne. Des villages de terre séchée émergent de ces plaines bourbeuses, s'étageant sur des monticules qui les garantissent de l'inondation. Sur ces routes qui partent du pont de Kasr-en-Nil, soit dans la direction de Ghézireh, soit dans celle de Ghizeh, règne une incessante circulation : marche vive des porteurs de fruits qui viennent à la ville, trot allègre des ânes, pas lent des files de chameaux chargés de fagots. Par les matinées d'une vive fraîcheur, tout le courant se porte vers le Caire; puis il reflue lentement vers le soir, chacun regagnant son village, la journée faite;

c'est l'heure de la belle lumière et des splendides couchers de soleil. Les cavaliers font un temps de galop, les cyclistes poussent jusqu'à Mena-House, où se célèbre chaque jour le plus *smart* des five-o'clock.

Mais à mesure que l'on approche, peu à peu, les trois silhouettes grises des Pyramides grandissent, à travers les feuillages fins des acacias. En même temps s'impose à vous la plus insupportable nuée de moucherons que l'on puisse imaginer; les petits vauriens vous guettent de loin, galopent aux portières des voitures, escorte obsédante et criarde, scandant d'une voix gutturale, que coupe de temps à autre l'essoufflement, le mot terrible qui, pendant six mois, retentit d'un bout à l'autre de l'Égypte, sur le passage du touriste exaspéré : « Bag... chich? Bag... chich? » Puis, à peine a-t-on mis pied à terre, et calmé par quelques bienfaits bien distribués la fringale de ces petits monstres, d'autres apparaissent aussitôt, moins turbulents, mais plus odieux encore : ce sont les grands gaillards qui exploitent les Pyramides. Ceux-ci, en des langues diverses, s'offrent à vous montrer toutes les curiosités de l'endroit; ils vous feront un cours sur les règnes de Chéops et de Khéphren, vous feront valoir le mystérieux intérêt du Sphinx, ou vous proposeront l'aide de leurs muscles vigoureux pour vous hisser au sommet de la grande Pyramide. Refus, colères, rages, viennent se briser contre cette impassibilité sûre de vaincre.

L'hôtel dépassé, la verdure cesse brusquement, on monte par une rampe sablonneuse, et tout de suite c'est le Désert. Les trois masses de pierre barrent la vue, on en distingue maintenant les assises. La légende que nos lectures nous ont transmise, que notre imagination même a amplifiée, nous a préparés à considérer d'avance les Pyramides comme des masses fabuleuses, et la réalité apporte sans doute quelque déception. Informes, présentant des surfaces non pas lisses, mais rocailleuses, hérissées d'arêtes vives et de saillies, elles donnent l'impression d'un gigantesque escalier aux marches irrégulières, faites d'énormes blocs de granit. Les plus fortes impressions qu'elles vous donnent, c'est le soir, à l'heure où le soleil descend derrière la chaîne Lybique, emplissant le ciel de lueurs de pourpre et d'or; c'est la nuit aussi, dans le grand silence dont la lune entoure les choses, et qui les grandit mystérieusement.

Les Pyramides étaient des tombes royales, cela est maintenant de toute évidence; mais l'école allemande représentée par M. Lepsius, et l'école française représentée par M. Maspéro, diffèrent dans leurs façons d'expliquer leur construction; le premier y voit un noyau central autour duquel seraient venues s'ajouter plusieurs couches successives de constructions ultérieures; le second au contraire, suivi en sa théorie par le savant anglais Flinders Pétrie, prétend que le nombre des chambres et des couloirs d'une pyramide n'était destiné, par son unique constructeur qu'à dépister les recherches; le plan en était arrêté par l'architecte une fois pour toutes, et l'exécution, une fois mise en train, se poursuivait jusqu'à complet achèvement.

Le groupe des Pyramides de Ghizeh, qui n'est pas le plus ancien, en

La route du Caire aux Pyramides.

compte neuf, parmi lesquelles celles de Chéops, de Khéphren et de Mykerinos. Celle de Chéops, avait une hauteur de 145 mètres et une base de 233. Elle avait gardé jusqu'à la conquête arabe un parement de pierres de couleurs qui formaient une surface unie. A l'intérieur, tout avait été disposé pour soustraire aux curieux l'emplacement du sarcophage, comme si le Pharaon avait eu une sorte de prescience de ce que tenteraient dans le cours des siècles les fouilleurs de tombeaux, et les archéologues indiscrets. L'entrée se trouvait au milieu de la face nord, on pénétrait alors dans un couloir incliné qui menait à une chambre inachevée et murée. Il fallait revenir près de l'entrée, découvrir à quelques mètres au plafond du couloir une pierre différente des autres, la faire sauter et suivre alors un couloir ascendant qui s'ouvrait et se séparait ensuite en deux branches; l'une d'elles, la bonne, qui s'élevait, était fermée de nouveaux murs qu'il fallait percer avant d'arriver à la chambre du sarcophage de granit mutilé et sans couvercle. Tant de précautions n'avaient pas été inutiles, puisque la Pyramide de Chéops avait gardé pendant 4.000 ans son secret.

On monte facilement au sommet de la grande Pyramide de Chéops. Mais le spectacle qu'on y a ne répond peut-être pas entièrement à l'espérance qu'on en avait, ni à la fatigue qu'on en éprouve. La garde des Pyramides est confiée à une tribu de Bédouins, responsable de tout accident, et dont la vie est largement assurée par le tarif de dix piastres qu'elle peut percevoir pour chaque ascension. Les blocs de granit étant tels qu'un homme ne peut seul d'une enjambée y atteindre, deux Bédouins prennent chacun une main de l'ascensionniste, et le hissent de bloc en bloc, ce pendant que deux autres le poussent par derrière. Mais cette montée ne s'effectue pas sans arrêts; on cherche bien à faire chanter le voyageur, et à lui arracher en cours de route quelques piastres de plus que le tarif ne l'a fixé, ou à lui vendre quelque scarabée faux ou quelque monnaie que les Bédouins ont toujours dans leurs poches. Puis on redescend tenu en laisse par la longue écharpe dont ils ceignent les reins du voyageur, un peu à la façon d'un sac de farine.

Les Pyramides de Ghizeh appartenaient à des Pharaons de la IVe Dynastie; celles d'Abousir qui leur font suite vers le sud à des Pharaons de la Ve. Les cinq Pyramides de Saqqarah encore plus au sud appartiennent à la VIe Dynastie.

Les Pyramides dépassées, on descend par des pentes de sable, et le *Sphinx* apparaît. « Enfoui jusqu'au poitrail, rongé, camard, dévoré par l'âge, tournant le dos au désert, et regardant le fleuve, ressemblant par derrière à un incommensurable champignon, et par devant à quelque divinité précipitée sur terre des hauteurs de l'Empyrée, il garde encore malgré ses blessures, je ne sais quelle sérénité puissante et terrible qui frappe et saisit jusqu'au profond du cœur. »

Il inspire une crainte indéfinissable, tant sa face reste impénétrable, tant ses yeux vides semblent garder la vision d'une foule de choses lointaines, ignorées et terribles. Que fait-il là, unique monument de son âge, impassible sous le ciel, perdu dans la solitude? Tous les peuples ont passé devant lui, et se sont évanouis. On est tenté de lui dire « Ah!

si tu pouvais parler! » Sentinelle muette du Désert, enracinée à la chaîne Lybique, il disparaîtrait un peu plus chaque jour sous l'envahissement des sables, si l'on ne prenait soin de le déblayer. Son corps qui se délite, n'offre plus que vaguement l'aspect du lion, et le cou dans son effritement est devenu un peu mince pour le volume de la tête. Le nez a été brisé par la brutalité des Barbares. Et cependant nulle œuvre sortie

Le Sphinx de Ghizeh.

de la main des hommes n'offre plus de force et plus de souveraine grandeur. On n'oublie plus jamais, quand on les a vus, l'intensité et la profondeur de pensée de ces yeux qui regardent si loin, par delà la réalité des choses.

C'est une des œuvres humaines les plus anciennes que nous connaissions; il existait déjà du temps de Chéops, puisque une stèle découverte par Mariette nous apprend que ce Pharaon fit construire sa Pyramide auprès du temple du Sphinx qu'il avait fait restaurer, et où par ses ordres avaient été déposées les statues des Divinités.

Ainsi donc, par delà la Pyramide de Chéops, par delà le Sphinx, nous pouvons concevoir une période archaïque perdue dans un insondable lointain, puisque déjà à une époque si reculée, un temple de si puissante construction que le temple du Sphinx avait besoin d'être restauré. On peut ainsi mieux assurer cette hypothèse que les monuments de l'ancien Empire, ceux de Memphis et de Saqqarah, étaient déjà les produits d'un art très conscient de lui-même, et loin des tâtonnements du début.

Ce temple du Sphinx, découvert et déblayé en 1853, à quarante mètres environ au sud du Sphinx, présente une forme extraordinaire qui n'est celle d'aucun autre temple de l'Égypte. Le plan en est très simple. Au centre, une grande salle en forme de T, avec seize piliers carrés, hauts de 5 mètres, à l'angle nord-ouest un couloir en plan incliné par lequel on pénètre aujourd'hui dans l'édifice. Au delà, et communiquant avec la grande salle, une galerie oblongue ouverte à ses deux extrémités sur un cabinet rectangulaire encore obstrué. Ni porte monumentale, ni fenêtres ; on se demande comment ce monument pouvait s'éclairer, le corridor étant trop long pour amener la lumière. L'appareil est fait de blocs d'une grosseur telle qu'on n'en rencontre pas de semblables dans un pays où pourtant les monuments ne sont pas faits de matériaux mesquins. Aucun détail adventice d'architecture, ni polygone, ni corniche, ni colonnes; aucune décoration, ni hiéroglyphes, ni bas-reliefs, ni peintures. Et pourtant cette nudité fait peut-être ce monument plus saisissant encore, d'une beauté toute abstraite où ne prennent part que les lignes et les proportions.

Si énigmatique que soit le Sphinx, ce temple l'est plus encore.

D'ailleurs, est-ce bien un temple ? n'est-ce pas un tombeau ? et quels principes ont présidé à sa construction si singulière, où les blocs souvent chevauchent les uns sur les autres ou se pénètrent profondément.

Des Pyramides de Ghizeh, en longeant la chaîne Lybique vers le sud, on rencontre le groupe des Pyramides d'Abousir, dont quatre subsistent encore, mais dans un pitoyable état de dégradation. Elles appartenaient à des Pharaons de la Ve Dynastie.

Puis un peu plus au sud encore, les Pyramides de la Nécropole de Saqqarah, au nombre de 18 selon Lepsius. Les fouilles commencées par Mariette ont été poursuivies de 1882 à 1884. Elles ont permis de retrouver les pyramides d'Oursas (Ve Dynastie) et celles des rois de la VIe Dynastie, Téti III, Pépi Ier, Metensaf, et Pépi II. Elles sont contemporaines des Mastabas que nous étudierons plus loin dans notre visite à Memphis.

La Pyramide de Saqqarah, dite d'Ounas, une des plus petites du groupe, fut ouverte par M. Maspero en 1881, mais il la trouva violée.

Quant à la grande Pyramide à degrés qui est haute de près de 60 mètres, et formée de six énormes gradins dont le dernier est enterré, elle avait été acceptée par la science comme un des plus anciens monuments de l'Égypte. La découverte d'une stèle ptolémaïque qui portait les noms du roi Zosir (IIIe Dynastie), permit de rapprocher ce nom de celui que portait une des portes du caveau de la Pyramide, et d'attribuer ainsi le monument à ce très ancien roi.

Un Tombeau, XVIIe siècle.

Un peu plus au sud encore se trouve la Nécropole de Dahchour, où M. de Morgan trouva le si beau trésor de bijoux qui est actuellement au Musée. Elle ne comprend que cinq Pyramides dignes d'être signalées. L'une d'elles serait, à en croire quelques savants, un monument du roi Snofrou, ce qui la ferait remonter à la IIIe Dynastie, et ferait peut-être ainsi du groupe de Pyramides de Dahchour, le plus ancien de tous.

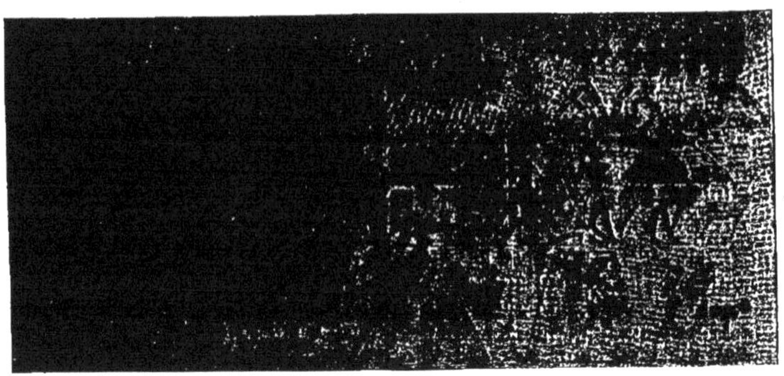

Scènes de la vie rurale. (Sculpture méplate de tombeau.) Saqqarah.

CHAPITRE VII

MEMPHIS. — SAQQARAH ET LE SÉRAPEUM

Le Nil est la grande voie de communication de l'Égypte, disons même la seule. Toutes excursions aux monuments partent de ses rives, et toujours y ramènent. Le bateau atterrit, les ânes sont rangés si l'agent de police a pris soin de veiller au débarquement, chaque bête tenue par son ânier : autrement c'est un désordre inexprimable. On arrive enfin à se mettre en selle, et de suite voilà l'animal au galop, allure un peu vive, secousses un peu dures, que la menace de suppression de bagchich suffit à modérer. Car il n'est pas d'âne en Égypte sans ânier, que ce soit un enfant, que ce soit un jeune homme, il suit l'allure de la bête, la poussant de la voix et de la courbache, la main appuyée sur la croupe, galopant à ses côtés, soutenant ainsi des courses de plusieurs kilomètres sans essoufflement, sans sueur, prodiges d'endurance et de résistance. Mais à ces départs brillants, où brûle le désir de se dépasser, succède avec avantage le trot d'amble, délices des gens raisonnables, qui aiment à jouir du paysage, et à faire durer le plaisir longtemps ; et de fait, ce trot est charmant, les ânes d'Égypte l'ont d'une douceur toute particulière, et l'on s'y laisse aller comme au balancement d'un rocking-chair.

Ces chevauchées ont aussi cet agrément particulier, de permettre de

La plaine des Pyramides pendant la crue du Nil.

voir le paysage d'un peu haut. On suit des levées de terre bordées d'acacias dont le feuillage grêle frémit à la brise, de riçins sauvages, de cassies à fleurettes jaunes, de tamaris et de mimosas. Les champs en contre-bas sont gras du limon que l'inondation vient d'y laisser. Mais à peine la crue a-t-elle baissé que les fellahs ont déjà repris possession de la terre ; on les voit enlisés jusqu'aux genoux qui déjà lui confient les grains de leurs granges. Et ce prodige est visible d'un champ qu'on a longé encore luisant d'eau stagnante, qu'on revoit une semaine après déjà verdoyant des premières pousses de la récolte future, et quelques semaines suffiront pour que les blés, l'orge ou le trèfle ondulent à perte de vue sous le vent. Parfois des trous vaseux semblent bouger et s'animer : ce sont les buffles aux gros yeux ronds et proéminents, entièrement submergés par la vase, et dont seule la tête émerge et respire bruyamment. Tout le long du chemin des bergeronnettes sautillent devant nous. Des pluviers, des vanneaux, des ramiers volent à travers les herbes. Les culs-blancs, les bécassines et les judelles se réjouissent de toute cette terre molle et pleine de vie latente, où elles trouvent amplement à picorer. Dans le ciel les cigognes filent vite laissant traîner derrière elles leurs fines pattes.

Il est remarquable de voir combien tous les oiseaux sont ici familiers et confiants, sans crainte de l'approche de l'homme ; heureux pays, où n'était la rage de tuer des hommes blancs venus de loin sur leurs grands bateaux, ne retentirait jamais la détonation d'un fusil de chasse.

C'est de Bedrechein, petit village au bord du Nil, que se fait le plus commodément l'excursion de Memphis. Qu'on y aille par le chemin de fer ou par le fleuve, le paysage est à peu près le même : les Pyramides de Ghizeh à Dachour s'échelonnent à l'ouest en masses roses ou violettes par delà les bois sombres de dattiers. La chaîne sablonneuse de la Lybie, la chaîne rocheuse arabique dont les carrières de Tourah fournirent les blocs énormes des Pyramides, n'ont pas l'air de montagnes, mais plutôt de remparts qui protègent la vallée. Les bords du fleuve sont plantés de beaux bois touffus de palmiers, et parfois une éclaircie laisse apparaître quelques minarets du Caire, ou les cimes rocheuses du Mokattam éclatantes au soleil levant.

C'est en novembre particulièrement que le pays se révèle sous un de ses plus beaux aspects. Le Nil débordé n'est pas encore rentré dans son lit, il inonde la plaine, on ne voit de tous côtés qu'îlots de palmiers se reflétant dans une eau immobile et sombre. On chemine sous l'immense et merveilleuse forêt de Memphis, en suivant les étroites jetées de terre qui pendant plusieurs mois maintiendront seules la circulation dans la plaine, et la communication de village en village. Leurs sinuosités dessinent des golfes aux courbes harmonieuses, des promontoires où parfois vient se pencher le dernier palmier au-dessus des eaux. Parfois la nappe

Fresques de Tombeau (art Memphite), au British Museum.

liquide s'étale en un lac où tout le ciel se reflète, ou bien par une échappée entre deux pointes boisées s'étend une lagune immense qui va mourir aux falaises roses de la chaîne Lybique. Ses eaux mortes et d'un éclat assourdi par toute cette terre fécondante qu'elle contient en suspension, s'animent souvent au loin d'une vie confuse. Ce sont les innombrables bandes d'oiseaux qui vivent sur ses bords ; et quand ils s'élèvent le ciel est obscurci de leurs vols.

Aussi sur le vaste emplacement qu'occupait Memphis une forêt a grandi ; les abominables touristes viennent troubler de leurs cavalcades son silence et son recueillement. Les fellahs s'y sont construit des villages de huttes de terre ; des monticules de terre éventrés, des pans de murailles de briques retombant en poussière, rappellent de place en place un très lointain passé. Et cependant il en était resté des vestiges considérables. Un célèbre médecin arabe de Bagdad, Abd-Allatif qui la visita au XIIIe siècle, relate que les ruines de Memphis étaient alors splendides, Champollion y vit encore d'énormes blocs de granit déchirer la surface du sol ; mais il prévoyait déjà que peu à peu les alluvions du Nil recouvriraient tout. Mariette, en 1853, y retrouva encore des fragments considérables d'architecture : mais la disparition s'en fit peu à peu, à mesure que le Caire moderne se construisait.

De tant de monuments aujourd'hui disparus, seule une colossale statue de Ramsès subsiste, couchée sous de verts ombrages, et qu'on a un peu tardivement il est vrai, isolée du sol où, pendant plusieurs mois l'inondation la submergeait et la rongeait. Coiffé du klaft, et les jambes brisées, il mesure encore en cet état $10^{m},30$. Par les inscriptions gravées à l'épaule droite, et sur le pectoral et le ceinturon, on sait que ce colosse représente Ramsès II, le contemporain de la jeunesse de Moïse et celui dont la tradition a contribué le plus à composer la figure légendaire de Sésostris.

Cependant à mesure que l'on avance la forêt s'éclaircit, les arbres se font plus rares ; on gravit quelques collines de sable qui mettent fin à la plaine cultivée. La vue s'étend, et au loin le Nil apparaît coulant au milieu de son lit verdoyant ; l'immense plaine de Memphis couverte d'eau semble à peine sortir de son sommeil des premiers âges du monde ; un silence infini enveloppe toutes choses. Et si l'on tourne le dos à la plaine, un paysage mort apparaît, où le travail humain semble s'être essayé à une construction fruste et primitive, première ébauche d'architecture, la pyramide à degrés de Saqqarah.

Le sol apparaît bientôt parsemé de ruines, crevé d'excavations où se montrent des édicules à demi recouverts de sable. Ce sont les restes de la nécropole de Memphis, et nul autre lieu ne présente un aussi grand nombre de tombes de l'Ancien Empire. Plus de mille tombeaux de toutes dimensions, dont quelques-uns remontent peut-être à la IIe Dynastie, mais sûrement à la IIIe, y furent ouverts au cours des fouilles que le gouvernement khédivial y a organisées depuis une quarantaine d'années.

Pour bien comprendre ce qu'était une tombe de l'Ancien Empire, il faut savoir quelle idée se faisaient de la mort les anciens Égyptiens. Pour eux la vie n'était pas totalement abolie par la mort ; ils croyaient

Fresques de Tombeau. (Art Memphite.)

à la résurrection de la chair. Au jour dit, l'individu devait renaître dans l'Amenti (le monde supérieur), en chair et en âme, comme il avait vécu dans celui-ci ; mais épuré, soustrait à la douleur. Aussi était-il de toute nécessité d'abriter le corps du défunt, et de le protéger par une construction solide et par une foule de subterfuges contre tout sortilège et toute profanation, car l'âme au jour de la résurrection aura besoin de retrouver le corps intact.

Le tombeau égyptien était toujours divisé en trois parties, dont chacune avait son usage : 1° une chapelle extérieure; 2° la chambre où était le sarcophage ; 3° un couloir qui conduisait de l'une à l'autre. Parfois la chambre extérieure était une sorte d'édifice quadrangulaire qu'on pourrait prendre de loin pour une pyramide tronquée. Les faces de pierres ou de briques étaient unies et inclinées, à moins que les assises en retrait l'une sur l'autre ne formassent gradins. Le sommet en était une plate-forme, habituellement parsemée de vases de poterie grossière ayant contenu de l'eau du Nil. Mariette avait donné aux chapelles de ce type le nom arabe de *Mastaba* qui leur est resté.

Au fond de la chambre d'entrée, qui restait toujours accessible aux vivants, se dressait contre la paroi et recevait par une orientation voulue et préméditée les rayons du soleil levant, une stèle couverte d'inscriptions. Elle avait pour objet de perpétuer les noms et qualités du défunt. Sur les autres parois de la salle, à l'entour de la stèle, se déroulaient les archives de la famille sous la forme de bas-reliefs délicatement modelés et rehaussés de couleurs vives.

Au cœur de l'édifice funèbre un réduit secret et muré, le *serdab*, contenait la figure du mort ; c'est dans cette cachette qu'on retrouva toutes ces admirables statues de bois ou de pierre qui sont une des grandes richesses artistiques du musée.

Quant à la dépouille mortelle elle était invisible, dissimulée et soustraite à toutes les recherches. Les murs extérieurs, pas plus que les parois intérieures ne révélaient l'endroit où elle avait été déposée. Sous les IVe, V^e^ et VIe Dynasties un puits perpendiculaire, dont l'orifice s'ouvrait sous le dallage de la terrasse extérieure, menait à la chambre du sarcophage de pierre au couvercle cylindrique scellé avec soin. A ces époques lointaines, l'art des embaumements n'existait sans doute pas encore, car les squelettes étaient dépourvus de linges et exhalaient l'odeur du bitume. Des ossements de bœufs immolés aux funérailles jonchaient généralement le sol, à côté de grands vases à eau. Le mort, une fois déposé dans son sarcophage, on murait l'entrée du caveau et on comblait le puits.

De tous les tombeaux découverts de la nécropole de Memphis, trois seulement sont accessibles aux visiteurs ; et l'un d'eux, le *Tombeau de Ti*, le plus beau de tous, le mieux conservé, le plus significatif, suffit à donner une idée précise et résumée de l'art mortuaire de cette époque. Il a été déblayé par Mariette en 1865.

Ti était un des hauts personnages de la cour vers la fin de la Ve Dynastie ; son existence fut sans doute heureuse et facile, car toutes les scènes qu'il fit représenter sur les murs de son tombeau ne rappellent que des épisodes variés et animés, et ce sont autant de documents curieux sur les mœurs de l'ancienne Égypte. En dehors de la grande cour d'entrée qu'entourait un portique de douze piliers, le tombeau de Ti se composait de plusieurs chambres reliées par un couloir, tous les murs étant recouverts des scènes familières de sa vie. Le défunt est représenté

Scènes de la vie rurale. (Sculpture méplate.) Saqqarah.

entouré de sa famille et de ses amis ; il assiste à des danses mêlées de chants et de musique, à des jeux d'adresse, à des réjouissances aquatiques. Il chasse au milieu des roseaux des marais ; ou bien il surveille ses constructions ou ses ateliers, les travaux de ses champs. Il nous fait connaître l'étendue de ses richesses, en faisant défiler devant nos yeux ses nombreux troupeaux poussés par les bouviers, ou ses barques appareillant pour le Haut Nil chargées de marchandises. Un grand nombre de représentations témoigne du souci qu'avait le défunt de ne jamais manquer au cours de sa vie future des biens dont il avait joui de son vivant, et qui transformés en dons funéraires ne devaient jamais lui faire défaut dans son tombeau.

Ses serviteurs lui mèneront ses troupeaux de bœufs, de bouquetins, de gazelles, d'oies, même de cygnes; ils passeront des gués pour parvenir jusqu'à lui. Ils trairont les vaches, dont les petits gambadent autour d'elles, afin que le premier lait lui soit assuré. Ils prendront au filet les oiseaux aquatiques, afin de les mettre en cage à son intention. Puis on verra ce peuple de serviteurs se présenter devant le maître, représenté vivant, assis sur une table d'offrande, recevant l'hommage et le tribut. Les bouviers maintiennent leurs bêtes couchées, en les tenant par les naseaux, d'autres les immolent, les dépècent et en présentent les membres, tandis que d'autres serviteurs déposent sur la table des fruits, des légumes et des volailles.

On ne saurait trop vanter la grâce familière, la finesse et la vérité de ces sculptures peintes, à relief net et très peu saillant. Le dessin en est d'un caractère étonnant, qui suit une forme vivante dans le jeu changeant de son mouvement et de son allure. Les groupes d'animaux dénotent particulièremeut une observation attentive, et une singulière aptitude à rendre d'une façon très simplifiée leur caractère.

Tous les détails de la vie du temps nous sont ainsi connus. Vie presque uniquement agricole. Pas trace de vie militaire, peu de religion, aucune représentation de la divinité. C'est bien la maison du maître, et tout se rapporte à lui.

Nous pouvons donc juger de ce qu'était la Nécropole de Memphis, par ces spectacles animés, quand les cortèges de prêtres la parcouraient accomplissant leurs rites, quand les serviteurs apportaient leurs présents; quand la famille, suivie de pleureuses, venait rendre hommage au défunt. Puis les siècles s'écoulèrent, l'Empire de Memphis disparut, et la civilisation de l'Égypte se déplaça; les tombes de l'ancien Empire, ainsi que le prouvent les surcharges de noms nouveaux, furent usurpées par des défunts sans scrupules, surtout à l'époque des Ptolémées. Il est surprenant que des tombeaux aussi riches que ceux de Ti ou de Phtah-Hotep aient pu traverser tant de siècles, et parvenir intacts jusqu'à nous.

La visite de la Nécropole de Memphis ne tarde pas à mener au Serapéum, sépulture souterraine du Bœuf Apis que Mariette découvrit en 1851.

Un passage de Strabon qui parle d'un temple de Sérapis à Memphis, précédé d'une allée de sphinx déjà à demi enterrés dans le sable, que Mariette avait rapproché des nombreux sphinx qu'il vit à Alexandrie, tous pareils, et provenant tous de Saqqarah, fit naître en lui le furieux désir de retrouver ce temple célèbre. A peine fut-il rendu sur les lieux mêmes de la Nécropole, et eut-il retrouvé un des sphinx encore debout sur son piédestal que ses derniers doutes furent levés. Le Sérapeum était découvert.

On a conservé pieusement le gîte fait de terre battue et de ruines antiques, baptisé pompeusement du titre de Villa Mariette, où l'illustre fouilleur vécut les quelques années héroïques que durèrent ces fouilles

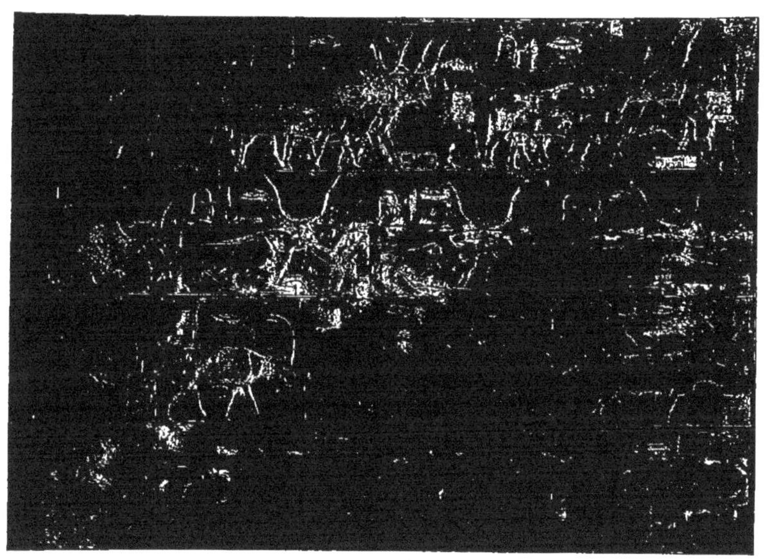

Scènes de la vie rurale. (Sculpture méplate de tombeau.) Saqqarah.

fameuses. L'allée des sphinx fut d'abord déblayée et à grand'peine, car parfois on les retrouvait à plus de vingt mètres de profondeur. Et que d'émotions quand l'avenue changeant de direction, on put craindre qu'il ne restât du temple que cette allée tronquée, et qu'il fallut faire des tranchées transversales pour retrouver la nouvelle direction ! Puis, en avançant, on rencontrait des monuments d'époque grecque, une statue de Pindare, des statues de philosophes et de poètes, un petit temple, avec un péristyle de colonnes corinthiennes, puis des statues colossales d'animaux fantastiques. Cet étrange chemin où le génie grec était venu se greffer sur le vieux génie égyptien, aboutit enfin un jour, après des efforts inouïs devant des obstacles qui ne rebutèrent jamais Mariette, à la première enceinte du Sérapeum, marquée par un pylone ou porte monumentale du temps de Nectanébo.

Avant de pénétrer dans le monument, Mariette voulut d'abord en délimiter l'emplacement, et en reconnaître le mur d'enceinte. C'est dans ces fouilles que furent découverts ces amas de figurines de bronze représentant les divinités le plus vénérées de l'ancienne Égypte, et qui ont enrichi le musée du Louvre. Une seule journée en fit découvrir cinq cent vingt-quatre. C'était trop beau ; le bruit se répandit que Mariette trouvait des trésors. Ne pouvant faire une guerre franche au savant, les chefs de villages environnants empêchèrent les fellahs de retourner aux chantiers, afin de rendre les travaux impossibles et de reprendre ensuite les fouilles à leur compte. De plus, ils intriguaient sans doute au Caire, car Mariette ne tarda pas à recevoir un ordre du vice-roi d'avoir à cesser les travaux.

L'ingéniosité et les ruses que Mariette déploya pour cacher au Khédive les trouvailles qu'il avait faites et qu'il réservait à la France, ses tergiversations bien orientales, afin de gagner du temps et du terrain, l'appui qu'il sut se réserver auprès du gouvernement français, les crédits qu'il put obtenir, quoique bien médiocres, pour continuer la fouille, tout cela forme le roman le plus extravagant qu'on puisse imaginer. Mais sa ténacité et sa foi en lui-même, eurent raison de tous les obstacles, et les travaux ne furent jamais sérieusement interrompus. Toute l'enceinte du Sérapeum avait été reconnue, et on cherchait à pénétrer dans les parties souterraines. Un jour une rampe en pente apparut tapissée de stèles votives, et une nuit un ouvrier dévoué réveilla Mariette en lui disant : « Levez-vous, nous avons trouvé une belle porte ». Effectivement, dans la paroi sud de la rampe s'ouvrait la gueule noire d'un immense souterrain : la tombe d'Apis était ouverte. L'atmosphère qui ne s'était pas renouvelé depuis plus de mille ans, n'était pas respirable ; il fallut attendre plusieurs heures, et quand Mariette y pénétra, il se trouva en présence du désordre d'une dévastation furieuse, stèles brisées, sarcophages violés et vides. Pendant bien des nuits (car le jour on rebouchait l'orifice, afin de détourner l'attention des surveillants turcs) Mariette en retira en cachette bien des stèles et des objets précieux qui forment aujourd'hui au Louvre un trésor archéologique inestimable.

Qu'était donc cet Apis au culte duquel les Égyptiens avaient élevé un pareil monument ? Il était né de cette croyance humaine en une médiation ou incarnation divine du Dieu suprême, en un rapprochement sensible entre l'homme et l'infini inconnu. L'Égyptien adorait en le taureau Apis le sacrifice d'Osiris consentant à vivre en un corps vulgaire et à mourir de mort violente, après le nombre d'années que devait durer sa mission humaine sur la terre. Dès que les funérailles d'un Apis mort étaient accomplies, les prêtres se mettaient à la recherche d'un nouvel Apis ; recherche difficile, car il fallait que le veau prédestiné satisfît à des conditions rigoureuses, que les prêtres seuls savaient distinguer. Quand il était préconisé, l'Égypte entrait en joie. Le jeune taureau était mené à Héliopolis, puis à Memphis où des grandes fêtes se célébraient. On l'installait dans le Temple de Phtah, son père, où il demeurait servi par des femmes, entouré d'honneurs divins, recevant les tributs et les adorations des prêtres, des peuples et des rois. Quand il mourait, il devenait osiris-apis, comme assimilé à Osiris, d'où les Grecs firent Sérapis. L'Égypte prenait alors le deuil, et il était inhumé dans les souterrains du Sérapeum. Mais s'il tardait à mourir naturellement, s'il dépassait l'âge de vingt-huit ans, il devait périr de mort violente. On le conduisait aux eaux sacrées du Nil et on l'y noyait cérémonieusement. C'est alors que ses funérailles présentaient une magnificence extraordinaire.

Il faut admirer en ce culte du bœuf Apis une des croyances qui ont été le plus profondément enracinées au cœur de l'homme. Née sous la deuxième dynastie égyptienne, c'est-à-dire plus de quatre mille ans avant Jésus-Christ, elle traversa tous les états de civilisation de l'ancienne Égypte, se répandit dans toutes les régions du monde ancien, faisant encore des prosélytes au début de notre ère, à Rome, où exista un temple de Sérapis. Toute entachée de superstition qu'elle fut, il fallut qu'elle contînt un sérieux principe de vie morale.

C'est donc avec recueillement qu'on descend dans ces longues et silencieuses galeries, demeurées telles que les virent Moïse et Platon. La seule partie qu'on en visite n'est pas la plus ancienne, mais c'est la plus grandiose et la plus saisissante. Une profonde perspective de voûtes portées par de puissants piliers taillés dans le roc même, est interrompue entre chacun d'eux par un mur épais élevé devant chaque caveau où l'Apis était déposé dans un sarcophage colossal de granit ; le moins grand ne pèserait guère moins de 65.000 kilos. Ils sont vides aujourd'hui, et quarante personnes debout y pourraient tenir à l'aise.

Mariette fut plus heureux dans les recherches qui le menèrent aux petits souterrains qui datent de Ramsès II. Ayant pénétré dans une chambre dévastée, il eut soin de sonder les murs, une des parois rendit un son caverneux. Un examen plus attentif de l'extérieur l'engagea à y pénétrer de ce côté par la tranchée ; il rencontra une porte murée et la fit sauter. La tombe d'un Apis lui apparut intacte, sans changement depuis l'an XXVI du règne de Ramsès; trois mille deux cent trente ans s'étaient écoulés depuis. Il faut laisser la parole à Mariette : « Les « doigts de l'Égyptien, dit-il, qui avaient fermé la dernière pierre du mur « bâti en travers de la porte, étaient encore marqués sur le ciment; quand « j'y entrai pour la première fois, je trouvai marquée sur la couche « mince de sable dont le sol était couvert, l'empreinte des pieds nus « des ouvriers qui, trois mille deux cents ans auparavant, avaient couché « le Dieu dans sa tombe ». En proie à une émotion qu'il ne pouvait réprimer, Mariette était alors bien consolé des tourments qu'il venait d'endurer.

Ce fut sa plus belle découverte au Sérapeum. Le caveau assez vaste contenait deux sarcophages intacts; aux pieds de l'un se trouvaient quatre grandes urnes d'albâtre qu'on nomme *Canopes*; la base des sarcophages et le pied des murs étaient revêtus de feuilles d'or qui brillaient aux lumières, et sur les murs apparaissaient des peintures relatant les exploits de Ramsès et d'un de ses fils. Dans des niches, étaient entassées près de 250 statuettes funéraires de pierre dure, de calcaire, de terre cuite émaillée, portant les noms et les titres des principaux personnages de Memphis. Sous un couvercle à forme de momie dorée, une cavité creusée dans le roc même contenait une matière bitumineuse qui tomba en poussière et qui contenait des ossements brisés; dans cette masse se trouvaient épars quelques statuettes funéraires à têtes de taureaux, et une dizaine de bijoux d'or d'un art admirable, d'une merveilleuse conservation, et qui sont aujourd'hui la gloire de la vitrine des bijoux égyptiens au musée du Louvre. L'un de ces bijoux si célèbres, et qui est un des plus merveilleux objets d'art qui soient sortis de mains humaines, est un épervier d'or à tête de bélier, aux ailes éployées. Le second sarcophage qui ne contenait aussi que cette même masse bitumineuse, renfermait un pectoral d'or massif qui est un des plus beaux joyaux du Louvre.

Ces tombes inviolées ont donc permis d'affirmer que tandis que les corps humains étaient momifiés avec un soin et une habileté extraordinaires, les corps des Apis étaient mis en pièces et enfouis sommairement.

Le vieux sanctuaire funèbre de Memphis est redevable à Mariette d'avoir été à jamais sauvé de l'oubli. C'est un des triomphes les plus purs de l'archéologie française. Il est vrai que Mariette y paya sérieusement de sa personne; et qu'il y dut même défendre sa vie, une nuit que les Arabes, dont les convoitises étaient allumées par les récits de ces découvertes de bijoux d'or, l'attaquèrent dans sa maison, et qu'il dut, aidé de son domestique, repousser leur assaut les armes à la main.

Soldats Égyptiens. Sculptures de bois. Musée du Caire.

CHAPITRE VIII

LES MUSÉES DU CAIRE

I. — L'ART ÉGYPTIEN ANTIQUE

Bijou pectoral de Dachour. Musée du Caire.

« Il y a quelque temps l'Égypte détruisait ses monuments ; elle les respecte aujourd'hui, il faut que demain elle les aime ». Ce que Mariette énoncait ainsi, en tête du catalogue du musée de Boulaq, s'est réalisé, et c'est à l'énergie de sa volonté et à la constance de ses efforts que ce beau résultat est dû. Sans doute le khédive Ismaïl ne s'était jamais intéressé sincèrement aux beaux travaux scientifiques qui se firent sous son règne, il ne manifesta jamais le désir d'être initié à ces glorieuses recherches ; mais il faut du moins lui rendre cette justice qu'il avait foi en Mariette, qu'il comprenait que ses belles découvertes ne pouvaient qu'illustrer son règne, et qu'il fût toujours prêt à seconder ses entreprises.

Ce fut de Said-Pacha en 1858 que Mariette avait obtenu que de vastes bâtiments qui servaient de magasins à la Compagnie du Transit à Boulaq fussent mis à sa disposition, afin qu'il pût y installer provisoirement un musée des Antiquités Egyptiennes. L'installation première y fut des plus défectueuses. Une crue du Nil en 1878, menaça de tout emporter, bâtiments

Sculpture civile. Ancien Empire. Musée du Caire.

et collections. Ce danger auquel on échappa providentiellement, eut au moins ce résultat de déterminer des travaux qui mirent dorénavant les collections à l'abri d'un désastre toujours possible. On exhaussa le sol des salles, on suréleva nécessairement les toitures, ce qui donna plus d'air et de jour, et Mariette put finir ses jours avec la satisfaction d'avoir vu se réaliser à peu près ses désirs.

Le musée ainsi constitué s'enrichit successivement de toutes les fouilles que Mariette entreprit courageusement aux quatre coins de l'Égypte, à Tanis, à Saqqarah, à Meïdoum, à Abydos, à Edfou, à Dendérah et à Thèbes. Puis en 1889 on s'avisa que les locaux étaient devenus tout à fait insuffisants devant l'abondance des monuments que les fouilles si remarquablement menées par les successeurs de Mariette, Maspéro entre autres, amenaient au jour. On ne pouvait songer à agrandir les salles de Boulaq ; le temps et l'argent manquaient pour édifier un musée définitif. On décida de transporter les collections antiques dans un immense palais qu'Ismaïl dans les dernières années de son règne avait construit à Ghizeh au milieu de magnifiques jardins qui bordent le Nil. Mais bien qu'elles y fussent très convenablement présentées, en raison toutefois de l'éloignement du vieux Palais de Ghizeh et de son inquiétante combustibilité, l'Égypte, en voie de transformations méthodiques, a voulu pour les chefs-d'œuvre de son art national un palais définitif qui ne le cédât en rien comme stabilité et heureuses dispositions intérieures aux plus récents musées de la vieille Europe. Exécuté sur les plans d'un architecte français, M. Dourgnon, il fut inauguré en 1902.

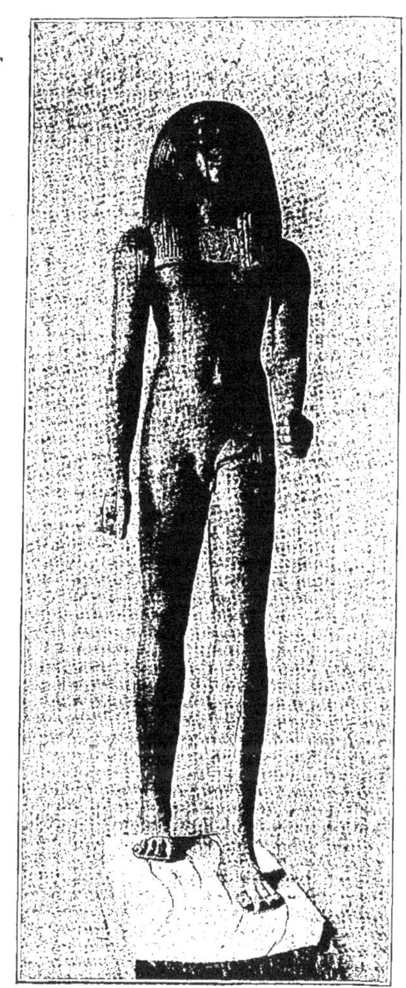

Statue de bois. Ancien Empire.
Musée du Caire.

Le monument comprend trois grandes divisions : 1° parallèlement à la façade, une grande galerie d'honneur, avec deux escaliers aux extrémités; 2° perpendiculairement à cette galerie et dans l'axe de l'entrée, une autre galerie desservant à droite et à gauche huit grands atriums vitrés, compris entre six salles intermédiaires s'arrêtant à hauteur du premier étage ; 3° une galerie de circulation entoure l'ensemble du monument. Le nouveau classement adopté a été entièrement systématique : au rez-de-chaussée se trouvent les monuments de la sculpture et de l'épigraphie monumentales ainsi que les grands sarcophages de pierre.

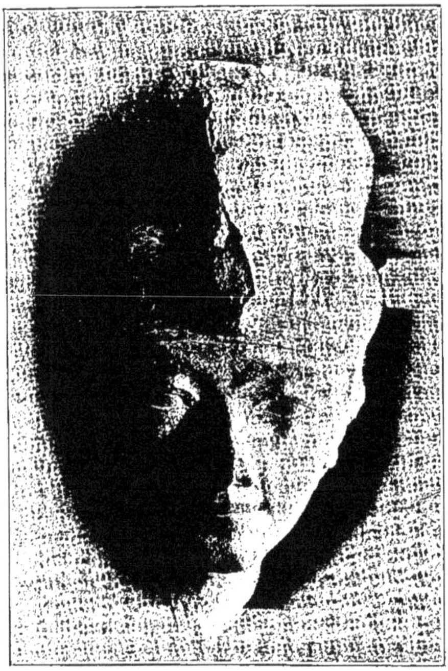

Au premier étage, on trouve les petits monuments de l'art plastique (sculpture et peinture), le mobilier, les ustensiles, les objets de parure, les momies, les objets funéraires, les spécimens de la faune et de la flore extraits des tombeaux, les petites stèles, les papyrus, etc.

Tête en pierre calcaire. Ancien Empire. Musée du Caire.

Pendant longtemps il fut impossible, pour l'étude des monuments de l'antique Égypte, de remonter au delà de l'Ancien Empire, en continuant à considérer comme une énigme le temple du Sphinx à Ghizeh, d'époque indéterminée.

Il était cependant impossible d'admettre qu'on fût là devant les tâtonnements d'un art à son début, tellement il semblait complet, en pleine possession de ses moyens d'exécution, et sûr de ses effets. Cette civilisation mystérieuse n'aurait-elle donc pas eu d'enfance? Ou alors de combien de siècles fallait-il que l'imagination remontât le cours pour concevoir les âges si lointains où cet art, le plus ancien des arts humains, avait commencé à balbutier? Aujourd'hui, à la suite des nombreuses fouilles opérées en Égypte par MM. Amelineau, Quibell, Flinders Petrie, et de Morgan, à Naqadeh, à Ballas, à Abydos, à Kôm el Ahma, etc., on connaît assez nettement les étapes par lesquelles a passé l'art égyptien, et l'on peut en entrevoir l'origine, tout comme on perçoit les débuts de l'art grec archaïque. On possède, en effet, actuellement des monuments préhistoriques, préthinites et thinites qui permettent de remonter jusqu'aux Ire et IIe Dynasties, c'est-à-dire plus de 3.000 ans avant l'ère chrétienne.

En 1897, M. de Morgan découvrait en effet à Naqadeh, le tombeau du roi Ahaïti (ou Menès ?) et recueillait pour le musée les objets qu'il contenait, un lion en cristal de roche, et un ivoire portant représentation des principales cérémonies de l'enterrement de ce souverain, document sans prix.

Le roi Khephren, statue en diorite. Musée du Caire.

Au rez-de-chaussée du musée, à la suite de la grande galerie d'honneur, se trouvent classés en six salles les monuments de l'ancien Empire Memphite (2800-2200 avant J.-C.). Ils appartiennent aux IIIe, IVe, V[e] et VIe Dynasties, et furent découverts dans les cimetières des grandes cités Ghizeh, Sakkara, Abydos.

Parmi les monuments historiques les plus vénérables de cette antiquité reculée se trouve le tombeau inachevé et inutilisé du roi Snofrou, prédécesseur du roi Chéops, provenant de Meidoum.

Et si l'on n'a rien retrouvé du roi Chéops lui-même, du moins la grande statue en diorite du Pharaon Khephren de la IVe Dynastie qui contruisit la deuxième des grandes pyramides, a été trouvée dans le temple du Sphinx. Il est assis les mains allongées sur les genoux. Une grande expression de calme et de force émane de cette figure. Et l'on reste confondu de la souplesse à laquelle l'artiste a plié cette matière si dure de la diorite. Dans ce même temple du Sphinx a été trouvée une autre statue décapitée de Khephren.

La statue du roi Mykerinos, le constructeur de la troisième pyramide de Ghizeh a de même pu être retrouvée, complétant ainsi les monuments qui permettent d'étudier l'art de la IVe Dynastie.

Deux grandes colonnes de granit rose, en forme de palmiers furent extraites du temple funéraire qui se trouvait à côté de la pyramide du roi

8

Ounos à Sakkara (Ve Dynastie). Enfin, M. Quibell découvrit il y a quelques années dans les ruines de Hierakonpolis une statue de bronze, grandeur nature, du roi Pépi Ier, qui en cette matière, est un des monuments les plus rares en Égypte. La stature imposante, les nobles proportions font de cette statue du roi Pépi Ier un monument inoubliable, pendant que l'émail rapporté des yeux prête au visage une expression de vie intense. Mais bien avant cette effigie de roi de la VIe Dynastie avec laquelle prit fin la Période Memphite, les ateliers de sculpture des IIIe, IVe et Ve Dynasties avaient produit des œuvres d'un caractère admirable où l'individualité des personnages est rendue avec une vérité scrupuleuse.

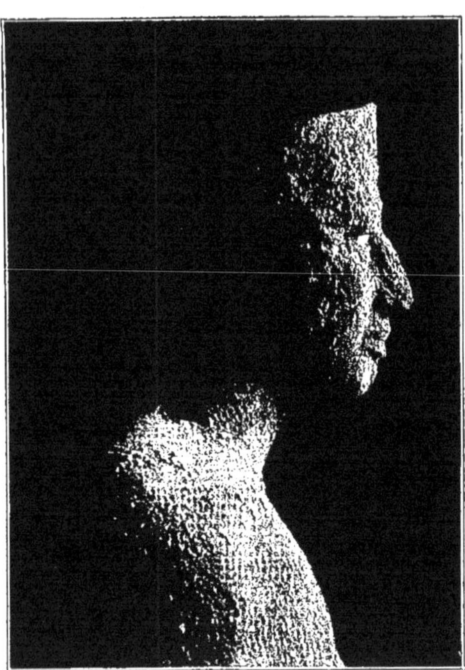

Statue de bronze grandeur nature du roi Pepi Ier.
Ancien Empire.

Bien qu'ils soient dispersés dans diverses parties du musée, je crois préférable de grouper ici ces monuments de même style qui proviennent presque tous de mastabas ou chapelles funéraires. Les statues ont été recueillies surtout dans les Serdabs, ou réduits secrets des tombeaux, quelques-unes cependant se trouvaient dans les cours à air libre des Mastabas.

Les murs des chapelles étaient couverts de peintures et de sculptures à très léger relief, qui forment au musée une série très importante.

Elles représentaient les scènes de la vie dans lesquelles l'existence du mort s'était complue, et lui en garantissaient l'accomplissement dans l'autre monde. Celui-ci reçoit les offrandes de ses serviteurs, et les scribes devant lui procèdent à l'enregistrement des objets : ici des bouchers procèdent à l'abatage des bestiaux, des boulangers broient le grain et pétrissent la pâte, tandis que les sommeliers mettent en cruche le vin ou la bière. Là des bergers traient les vaches, prennent les taureaux au lasso, ou poussent devant eux les troupeaux pressés. Ailleurs le mort mange avec les siens le repas funéraire qu'ils ont apporté. Partout cette même simplicité familière et cordiale dont nous avons trouvé à chaque pas des exemples touchants dans le fameux tombeau de Ti à Saqqarah.

Il faut cependant signaler ici une frise peinte admirable qui provient de Meidoum et date de la IIIe Dynastie. C'est une de ces peintures à la gouache que les anciens Égyptiens exécutaient sur un crépit au lait de

Scène funéraire. (Sculpture méplate. Art Memphite). Musée du Caire.

chaux dont les murs étaient enduits. Ici ce sont des oies qui s'avancent en file (au premier étage) : les peintres animaliers de l'Égypte ont été merveilleux, et souvent ne le cèdent en rien aux Japonais. Il serait difficile de rendre avec plus d'esprit le caractère même de la bête, sa marche alourdie, la tension niaise de son long cou, et le port majestueux, prétentieux et sot de sa tête. L'exécution est très simplifiée, comme il convient dans toute peinture décorative, et la couleur en est charmante de finesse et d'atténuation.

Les statues ne présentent pas cette variété de gestes et d'attitudes qu'on rencontre dans toutes ces décorations des murailles. Les Égyptiens ne pouvaient admettre l'abolition totale de la forme même du vivant.

D'ailleurs avec leur croyance à une nouvelle vie dans un autre monde, il fallait au *double*, un corps. Son corps, on essayait bien d'en prolonger l'existence par l'embaumement, mais c'était une image défigurée, et dont la matière même était de destruction possible et facile. Des corps de pierre ou de bois, reproduisant avec le plus d'exactitude possible les traits du défunt, seraient d'une durée plus certaine. Et en les multipliant dans son tombeau, les chances de durée augmentaient d'autant plus. C'est ce

Joute sur le fleuve. (Sculpture méplate. Art Memphite.) Musée du Caire.

qui explique le nombre étonnant de statues qu'on rencontre parfois dans une même tombe, non seulement du mort, mais aussi de ses parents ou de ses serviteurs. D'où le caractère précis, réaliste et idéaliste à la fois de ces statues : réaliste, car il fallait que la statue reproduisit avec la plus grande vérité les traits et les proportions mêmes du corps du défunt; idéaliste en ce sens que le corps était toujours représenté à l'état idéal de son développement, à moins cependant que l'artiste n'ait à rappeler des particularités de nature tout à fait spéciales, comme par exemple une infirmité. Aussi ces statues sont-elles toujours des portraits, documents uniques sur une humanité depuis si longtemps disparue, et dont les poses nous renseignent sur la classe sociale à laquelle appartenait le personnage. Mais ces poses se réduisent à un très petit nombre, soit que le personnage soit debout et marchant la jambe en avant, soit debout et immobile les deux pieds réunis, soit assis sur un siège ou sur un cube de pierre, soit accroupi le buste droit et les jambes à plat sur le sol ; les bras sont rarement séparés du corps.

Parmi les sculptures, il faut mettre hors de pair deux statues du musée qui ont été découvertes dans un des grands mastabas voisins de la Pyramide de Meïdoum. L'une représente le prince Rahotpou l'autre son épouse, sa cousine royale Nofrit, tous deux assis, les coudes au corps, les mains à plat sur les genoux. L'homme, solide et robuste, est d'aspect un peu vulgaire; la femme est vêtue d'une robe ouverte en pointe sur la poitrine, d'une étoffe légère et molle sous laquelle les cuisses et les seins se modèlent avec une souplesse exquise et une grâce chaste.

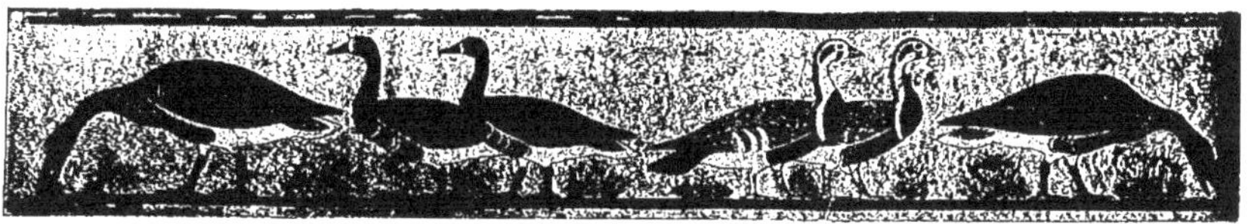

Peinture de tombeau. Époque Memphite. Musée du Caire.

La figure fine et peu grasse, encadrée de lourdes tresses retenues par un riche bandeau, est légèrement impérieuse. Ces deux statues en calcaire peint, rouge, brun et jaune bistre, sont deux œuvres très remarquables, et bien qu'elles aient été trouvées près d'une pyramide attribuée à Snofrou, roi de la IIIe Dynastie.

Le scribe agenouillé est un type parfait d'une des classes hiérarchisées de la société égyptienne, celle de la petite bourgeoisie en fonctions ; il vient de remettre à son maître, grand propriétaire ou gouverneur le rouleau de papyrus ou la tablette d'ivoire sur lesquels sont consignés ses comptes. Respectueusement agenouillé, dans une attitude de déférence et d'humilité, il attend que le maître approuve ou critique. Peut-être redoute-t-il plutôt cette dernière forme d'appréciation, car son dos se bombe, comme à l'approche prévue d'une tournée de coups de bâton ; sa bouche sourit, il est vrai, mais avec une sorte de contrainte ; son attitude est celle d'un bon chien qui a l'habitude d'être rudoyé. — Comme celle de son illustre pendant, le scribe accroupi du Louvre, cette statue est en calcaire, et dut recevoir comme elle des rehauts de couleurs, que le temps a altérés. Les yeux dont l'orbite était préalablement évidé, recevait un noyau de quartz, hyalin, incrusté au revers d'un disque noir figurant la prunelle, qui leur donnait une vivacité d'expression extraordinaire, et l'éclair d'un regard vivant. Mais de la statue du Louvre se dégage une intelligence autrement éveillée, et une intensité d'attention qu'aucune autre œuvre d'art n'a sans doute dépassée.

Prince Rahotpou et princesse Nofrit. Statue en pierre calcaire. Musée du Caire.

Un homme assis à terre, plongeant la main dans une jarre maintenue entre ses jambes, et l'enduisant de poix avant d'y mettre le vin — un homme et une femme broyant la pâte, et préparant le pain du mort, le boulanger penché légèrement sur son pétrin, et fléchissant un peu sur les genoux — le nain Knoumhotpou, chef de la lingerie mortuaire du Pharaon, la tête grosse et aplatie, le buste formé et développé et porté sur

Statue de pierre. Musée du Caire.

deux courtes jambes hors de proportions avec le corps, les hanches effacées, mais le ventre proéminent, avec toutes les indications spirituelles et caractéristiques de sa difformité — sont des œuvres tout à fait remarquables de cette école de statuaires qui multiplièrent dans cette immense nécropole de Saqqarah, les images plastiquement vraies de l'humanité qui se mouvait devant leurs yeux.

Mais nulle n'est plus justement célèbre que la statue de bois, dite du Sheikh-el-Beled, en vérité celle d'un surintendant des travaux, sorte de chef de corvée qui put concourir à la construction d'une des grandes pyramides. Il se nommait Ramké, et quand les fellahs au cours des fouilles le virent apparaître, il ressemblait tellement au maire de leur village, qu'ils lui donnèrent le nom de Sheik-el-Beled, que l'archéologie depuis a respecté. Personnage important, d'attitude pleine de gravité, debout et bien d'aplomb, un bâton d'acacia à la main, le torse nu et dans la plénitude de la force, la taille entourée du pagne, toute la

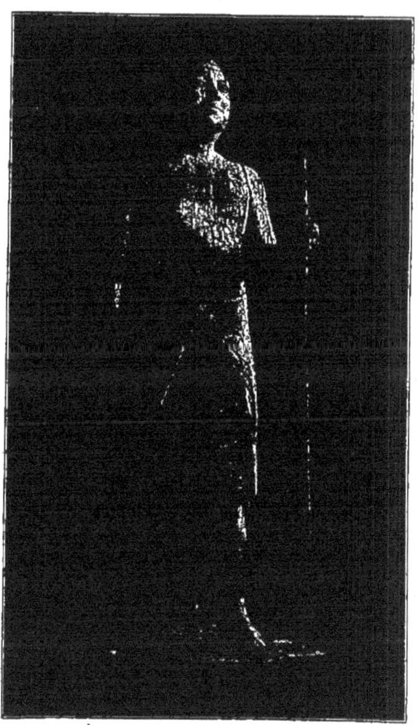

Le Sheikh El-Beled. Statue de bois de l'Ancien Empire. Musée du Caire.

figure indique la fermeté et l'autorité. La tête forte et énergique, la boîte cranienne étant modelée avec cette sûreté par où les artistes de cette Égypte ont été inégalables et cela à toutes les époques, même sous les Saïtes, est éclairée par deux yeux dont l'iris et la prunelle sont faits de quartz rapporté, enchâssé de bronze pour simuler la prunelle. Quand cette statue était recouverte de stuc fin pour indiquer la peau avec toute sa délicatesse, elle devait former un fac-simile d'une ressemblance inouïe. C'est un des grands mystères de l'art, qu'après tant de siècles révolus, une effigie humaine affirme ainsi de façon absolue la vérité de son expression, par la petite secousse et l'émotion que nous ressentons à sa vue.

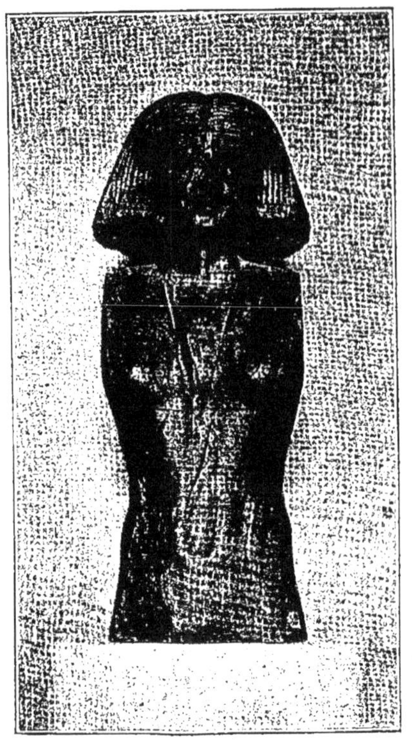

Buste de femme, bois. Époque Memphite. Musée du Caire.

Dans le même tombeau on découvrit une statue de femme en bois, malheureusement très mutilée (il n'en restait que le torse et la tête) et qu'on supposa l'épouse de Ramké. Cette figure est d'un travail admirable, d'un modelé fin et délicat, et dans un bois beaucoup plus serré et dur que celui de la statue de l'homme. De type distingué, elle semblerait de race plus affinée que lui. Un sourire énigmatique et capricieux semble errer sur ses lèvres, et éclaire cette figure d'un charme inoubliable.

Ranofir appartenait à une grande famille féodale de l'époque ; il est debout, les bras collés au corps, la jambe gauche en avant, le regard droit, sur la tête une large perruque, vêtu uniquement d'un pagne enroulé sur ses hanches. Les muscles de la poitrine et de l'épaule, la rotule, sont indiqués avec une vérité anatomique surprenante, les jambes sont d'une forme élégante : toute l'allure hautaine et hardie.

Dans les panneaux de bois (1er étage) provenant du tombeau d'Hosi à Saqqarah se révèle une sûreté de main extraordinaire. Le scribe Hosi y est représenté assis ou debout, en un relief légèrement accusé, et modelé avec autant de fermeté que de délicatesse. Nous avons retrouvé d'ailleurs dans les innombrables scènes de la vie sculptées et peintes aux murailles des mastabas de la Nécropole cette même grâce souple, aisée et forte que

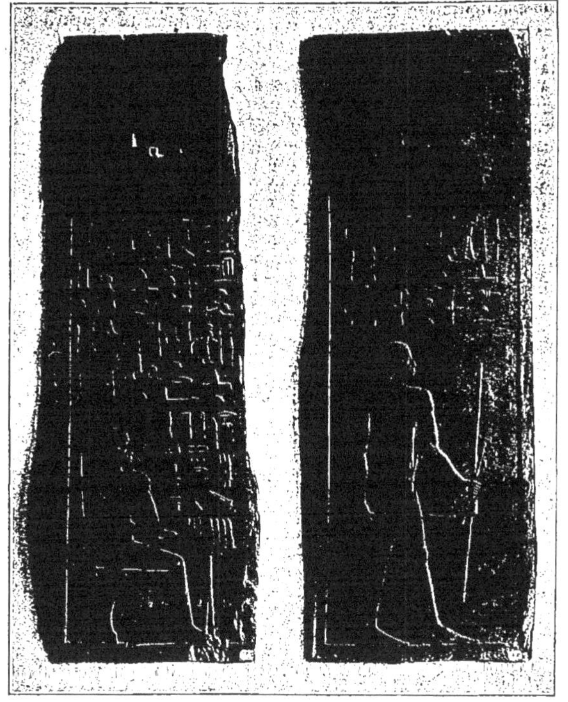

Panneau de bois. Sculpture en bas-relief. Époque Memphite. Musée du Caire.

dans ces panneaux d'Hosi. Mariette les attribuait avec raison à la IIIe Dynastie.

Il faut passer assez vite de la VIe à la VIIe Dynastie, période de laquelle nous est parvenu un moins grand nombre de monuments, pour arriver au Moyen Empire et à la période des Hycksos (2200 à 1600 ans avant J.-C.). Des statues aux traits étranges (n'ayant rien d'égyptien), des visages aux pommettes saillantes et aux rides plissées autour de la bouche, des perruques et des barbes tout à fait en dehors des modes égyptiennes, avaient été jadis attribuécs aux Hycksos. On y a reconnu aujourd'hui, avec plus de vraisemblance, des rois des derniers temps de la XIIe Dynastie. Les Hycksos ou Pasteurs dont les hordes étaient descendues des plateaux de l'Asie occidentale, occupèrent pendant plusieurs siècles l'Égypte. Les fouilles opérées en 1860 par Mariette dans les ruines de Tanis, ancienne capitale des Rois Pasteurs dans le Delta, révélèrent le soin qu'ils avaient pris de ne pas détruire les monuments égyptiens des époques précédentes; les temples avaient été dépouillés de leurs richesses mais non pas détruits, et beaucoup de sculptures des XIIe et XIIIe Dynasties nous ont été conservées qui portent encore les cartouches de leurs rois, les Hycksos s'étant contentés d'y ajouter les leurs.

D'ailleurs il est un fait remarquable, c'est la facilité avec laquelle les peuples conquérants de l'Égypte, devant la douceur de ses mœurs, sa docilité et son peu de résistance, se sont très rapidement pliés à ses coutumes, se sont égyptianisés. « La loi principale de l'histoire d'Égypte, disait Gabriel Charmes, paraît être une action constante du dehors sur ses éléments intérieurs, et une réaction non moins constante de ses éléments intérieurs sur tout ce qui venait de ce dehors. » Les Hycksos, de même que plus tard les Éthiopiens n'ont pas échappé à cette loi. Ils ont élevé à leurs Dieux des temples tout à fait égyptiens et précédés des habituelles avenues de sphinx.

Ce sont ceux qui précédaient le sanctuaire du grand temple de Tanis que Mariette a retrouvés et qui sont au Musée. Le corps en est un peu plus court et ramassé que dans les sphinx ordinaires, et les têtes ont un caractère différent qui dénote de suite les mélanges d'un type et d'un goût étrangers au sol de l'Égypte. Petits yeux, nez écrasé, pommettes saillantes, lèvre inférieure légèrement avançante, la tête au lieu d'être recouverte du linge flottant, est encadrée d'une épaisse crinière.

La partie supérieure d'une statue colossale de granit gris, représentant debout un Roi Pasteur, ne peut amener de doute sur son origine, tellement le caractère de la tête est semblable à celui des sphinx de Tanis. Ce colosse trouvé à sa place primitive dans le Fayoum, nous prouve que les Hycksos occupèrent aussi le territoire de Memphis.

Cette école de Tanis continua d'exister même après l'expulsion des Pasteurs, car une de ses œuvres les plus intéressantes, un groupe qui représente les Deux Nils, celui du Nord et celui du Sud, offrant des poissons à une divinité a été consacré par Psousennès de la XXIe Dynastie. Ce sont deux personnages de grandeur nature, placés côte à côte devant des tables d'offrande chargées de poissons, de volatiles et de fleurs de lotus. Leur type est bien particulier, tout différent de celui des fellahs,

Offrandes aux Divinités des Eaux. Époque des Hycksos. Musée du Caire.

ils sont grands, le dos un peu voûté, les jambes très robustes; la tête accuse un caractère sémitique prononcé.

La XVIIe Dynastie (1600 ans avant Jésus-Christ) amène une seconde Renaissance, appelée le *Nouvel Empire*, et inaugure l'ère la plus glorieuse peut-être de l'histoire de l'Égypte antique, quand le Pharaon Ahmès ou Amosis en eût chassé les Hycksos. L'Égypte se relève alors plus puissante que jamais. De la Méditerranée à Djebel-Barkal en Éthiopie, les deux rives du Nil se couvrent de temples; et la plupart sont encore debout.

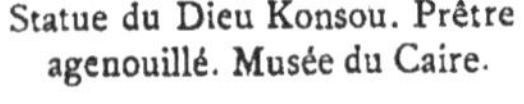

Statue du Dieu Konsou. Prêtre agenouillé. Musée du Caire.

Ce musée est extraordinairement riche en monuments de cette période. Il me suffira d'en citer quelques-uns : le buste de Thoutmosis III, la stèle triomphale de Karnak, en haut de laquelle le roi offre un sacrifice à Ammon-Ré, derrière lui se tient la Déesse protectrice de Thèbes; les statues divines d'Aménophis II, et celle où il est représenté sous les traits d'un vieillard ; le beau bas-relief d'Aménophis III devant Phtah, et la fameuse stèle à son nom mentionnant ses constructions, que plus tard Merneptah usurpa à Thèbes pour y célébrer ses victoires sur les Lybiens. Cette découverte de Flinders Pétrie révèle la plus ancienne mention d'Israel dans une inscription égyptienne où l'hymne se termine par ces mots : « Israël est ruiné et ses descendants sont exterminés ». Les belles colonnes du tombeau du prince plus tard roi Haremheb, et la superbe tête de granit noir de si belle expression qui lui est attribuée. La figure d'Haremheb et celle d'une femme de sa famille sont d'absolus chefs-d'œuvre. Le roi a le visage long, le nez droit, les yeux très fendus, et d'expression sérieuse et méditative, les lèvres épaisses et charnues. Le granit noir est taillé avec une légèreté de main surprenante. La reine, de physionomie vive et piquante, avec de grands yeux à fleur de tête est modelée dans un bloc de calcaire compact, de teinte très douce. La belle tête de la déesse Mout de Karnak. Les statues de Phtah d'un temple de Ramsès II à Memphis, et enfin la fameuse Table Royale de Saqqarah où le scribe Tounri rend hommage à

58 rois égyptiens, qu'il énumère en huit séries, dont le premier est Merbapen (Ire Dynastie) et le dernier Ramsès II.

Les Pharaons de la XVIIIe Dynastie comme ceux de la XIXe laissèrent de leurs règnes des statues colossales ; la plaine de Thèbes en était couverte, Louqsor, le Ramesseum, Tanis et même Ipsamboul en renfermaient de taille formidable. La décadence de l'art du Nouvel Empire ne commença vraiment qu'après Menephtah, quand les guerres civiles et les invasions étrangères mirent l'Égypte au bord de l'abîme. La sculpture sur bois prolongea pendant quelque temps la gloire de l'école Thébaine ; le musée du Caire et les musées d'Europe, particulièrement celui de Turin, possèdent une quantité de ces statuettes dont quelques-unes sont des œuvres remarquables.

Le musée du Caire possède un nombre considérable de sarcophages du Nouvel Empire. Aux temps de l'Empire Memphite et du Premier Empire Thébain, on ne rencontre guère que des grandes caisses rectangulaires en bois de sycomore, à couvercles et à fonds plats. Plus tard, sous le Nouvel Empire, on se préoccupa de donner au cercueil l'aspect général du corps humain. Il est indiqué sommairement, vaguement modelé : la tête seule se dégage entièrement, avec une tendance à reproduire fidèlement les traits du défunt. Les cercueils de rois de la XVIIIe Dynastie se signalent par leur perfection et leur soigneuse exécution. La XIXe Dynastie ne se contenta pas de ces cercueils habilement sculptés et peints. Le mort en eut désormais deux, trois ou même quatre, emboîtés les uns dans les autres ; la caisse intérieure était parfois d'un luxe extravagant, où tous les détails du costume et de la parure sont indiqués précieusement, le tout englué d'un vernis jaune éclatant.

Il convient de s'arrêter un peu à ces sarcophages des Rois de la XVIIIe Dynastie dont la surprenante et inespérée découverte de M. Maspero à Deïr-el-Bahari, enrichit naguère d'un seul coup le musée de Boulaq.

Au mois d'avril 1881, M. Maspero était à Thèbes quand on l'avisa qu'un fouilleur arabe émérite se trouvait dans la région. Depuis plusieurs années en effet, des objets de même origine et portant souvent les mêmes noms de rois avaient été présentés aux musées d'Europe et laissaient supposer qu'une cachette avait été découverte dans la région thébaine, qu'on exploitait méthodiquement et dans le plus grand secret. Un mandat d'arrêt fut lancé par le chef de police de Louqsor contre cet Arabe, Abd-er-Rassoul. L'inculpé nia, et ne faiblit pas dans ses dénégations, les notables de sa localité témoignèrent de sa parfaite honorabilité ; faute de preuves on dut le relâcher. Quelques mois ne s'étaient pas écoulés que la discorde survenue dans sa famille, peut-être pour le partage des bénéfices provenant de déprédations en commun, amenait la délation du frère aîné auprès du Moudyr de Keneh ; la direction centrale des fouilles, aussitôt prévenue, déléguait, en l'absence de M. Maspero, M. Emile Brugsch, et le 6 juillet, la cachette providentielle, sur les indications du délateur, était découverte au fond d'un cirque solitaire, derrière la montagne de Scheik-abd-el-Gournah. L'orifice était dissimulé par un rocher et caché dans une anfractuosité remplie d'éclats de pierre. Une galerie coudée de 74 mètres ; coupée d'une descente de 8 marches menait à une chambre mortuaire.

Statue assise du Nouvel Empire.
Musée du Caire.

C'est dans ce couloir et cette chambre que gisaient pêle-mêle des momies et des objets dont les cartouches royaux ne permettaient pas l'ombre d'un doute. Après quarante-huit heures d'un travail sans répit, le caveau était vide et 36 momies étaient étendues sur le sable, au milieu de ce cirque que dominent les hautes murailles de la chaine Lybique. La nuit vint, et ce fut un spectacle saisissant que la lune offrit en éclairant ces grands spectres rigides. Et ce fut un souvenir inoubliable que cette descente du fleuve sacré par tous ces rois et toutes ces reines auxquels les populations des deux rives accouraient rendre un dernier hommage ; les hommes faisaient fantasia, et les femmes poussaient leurs hululements aigus des jours de fête.

Quand le convoi parvint à Boulaq, on déposa toutes les momies dans le jardin du musée, et l'on put alors les soumettre à un examen plus complet. C'était bien en effet les restes des familles royales qui s'échelonnent entre les XVIIIe et XIe siècles avant notre ère. Les uns avaient mis fin à la domination étrangère des Hycksos, d'autres avaient conquis la Terre Promise et tenu les Hébreux en captivité ; certains avaient connu Moïse jeune homme, tous avaient attaché leurs noms à quelques-uns des monuments les plus surprenants que le monde ait connus ; Abydos, Karnak, Louqsor, Gournah, Ramesseum, Medinet Abou, Ipsamboul.

La momie la plus ancienne est celle du prince *Soqnounri*, prince de la XVIIe Dynastie, qui lutta contre les derniers Hycksos ; puis celle d'*Aménophis* Ier dont le règne fut glorieux et qui par d'heureuses campagnes recula les frontières méridionales de son Empire jusqu'à la quatrième cataracte. Le corps dans ses bandelettes disparaissait littéralement sous des chaînes de fleurs conservées à ce point qu'on aurait pu les croire séchées de quelques semaines, si bien que le célèbre naturaliste Schweinfurth pût les étudier et les classer en espèces, qui presque toutes existent encore aujourd'hui dans la flore de l'Égypte. Un herbier de trois mille ans, voilà qui n'est pas ordinaire. Le cercueil de Thoutmès Ier était vide, et avait été usurpé par le roi Pinotmou II quatre cents ans plus tard. La momie était dans un état surprenant de conservation, vieillard tout petit aux traits fins et rusés, tête rasée. A côté des corps de Thoutmès II et de Thoutmès III se trouvait le cercueil de leur sœur, la reine Hatasoo, dont le temple funéraire est à Deïr el-Bahari. On n'a pas retrouvé son corps. La momie de Thoutmès III était fort endommagée, à demi démaillotée et brisée en trois morceaux. Les mains seules étaient intactes, petites et fines, elles étaient longues et les ongles étaient remarquablement faits.

Mais après les rois glorieux de la XVIIIe Dynastie, apparaissent ceux de la XIXe et tout d'abord le fameux Séti Ier. De celui-ci l'art nous a laissé des images admirables, soit dans les temples d'Abydos et de Gournah qu'il édifia à sa gloire, soit dans son tombeau de la Vallée des Rois. Bien que la figure royale y soit toujours d'un hiératisme traditionnel, on peut y suivre la volonté d'artistes qui ont cherché à fixer les traits du pharaon. Il est donc d'un haut intérêt de comparer ici le visage que les embaumeurs ont à jamais figé, avec les représentations des monuments et particulièrement celles du temple d'Abydos, qu'il éleva à sa gloire.

Puis aussi le cercueil du fils de Séti, Ramsès II, celui que les légendes grecques avaient dénommé Sésostris. Celui-là avait été un des plus grands souverains de l'Égypte ; son règne avait été d'une durée exceptionnelle, soixante-sept années, sur lesquelles on a pu compter quarante-six années de paix.

En dehors des sarcophages royaux, se trouvaient un grand nombre d'autres, de princes, de fonctionnaires royaux et de riches particuliers. Puis ceux de rois de dynasties beaucoup moins anciennes et dont les momies furent trouvées dans les cercueils anciens qu'ils avaient usurpés.

Il a bien fallu chercher à expliquer comment les rois des XVIIIe et XIXe

Dynasties avaient été trouvés avec des souverains beaucoup moins anciens et des princes de moins haute lignée, enterrés tous ensemble, ce

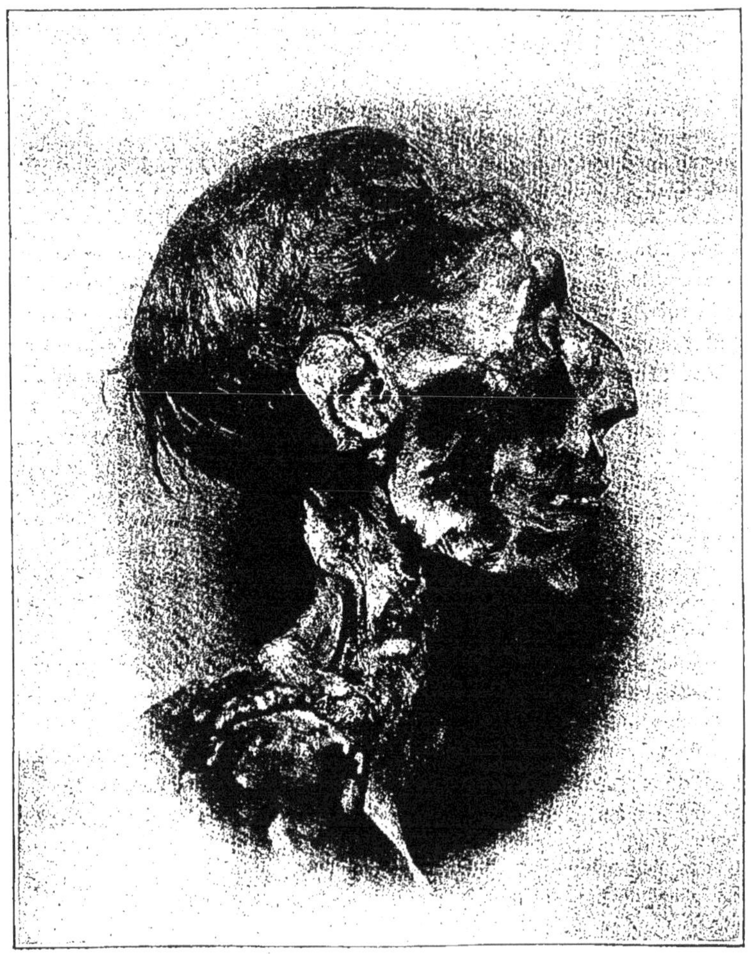

Tête de la momie de Séti Ier. XVIIIe Dynastie, environ dix-huit siècles avant l'ère chrétienne.

qui était contraire à tous les usages funéraires des anciens Égyptiens et dans un état de confusion tout à fait troublant. Certains papyrus conservés dans nos musées d'Europe sont venus jeter quelque lumière sur cette énigme. On sait par eux qu'après Ramsès III, l'Empire Thébain diminué par les vicissitudes des guerres de ses provinces les plus riches, livré aux désordres intérieurs, avait senti fléchir sa fortune. La misère était devenue presque générale et des bandes de pillards s'étaient mis à dépouiller les nécropoles royales pour s'emparer des bijoux d'or et des pierres précieuses. On comprend sans peine que devant ces brigandages les prêtres aient voulu à tout prix empêcher que les corps des rois fussent

Trésor d'argenterie. Ancien Empire. Musée du Caire.

profanés et n'aient cherché un endroit tout à fait secret pour les mettre à l'abri de toute déprédation.

C'est aussi de cette belle civilisation Thébaine que date le luxe des merveilleux bijoux dont chaque grand musée d'Europe possède de beaux spécimens, mais aucun ne pouvant sans doute présenter un ensemble comparable à celui du musée du Caire. C'était non seulement une des grandes parures des anciens Egyptiens, mais ils en couvraient encore leurs morts dans les tombeaux, soit des bijoux qu'ils avaient portés de leur vivant, soit d'autres fabriqués spécialement pour leurs sépultures.

Ce sont en tout premier lieu les quatre bracelets du roi Ler (Ire Dynastie) découverts dans son tombeau d'Abydos par M. Flinders Petrie, et qui seraient les plus anciens bijoux du monde, si les nouvelles fouilles de M. de Morgan à Suse n'avaient révélé depuis les précieux bijoux d'or de la civilisation de l'Elam.

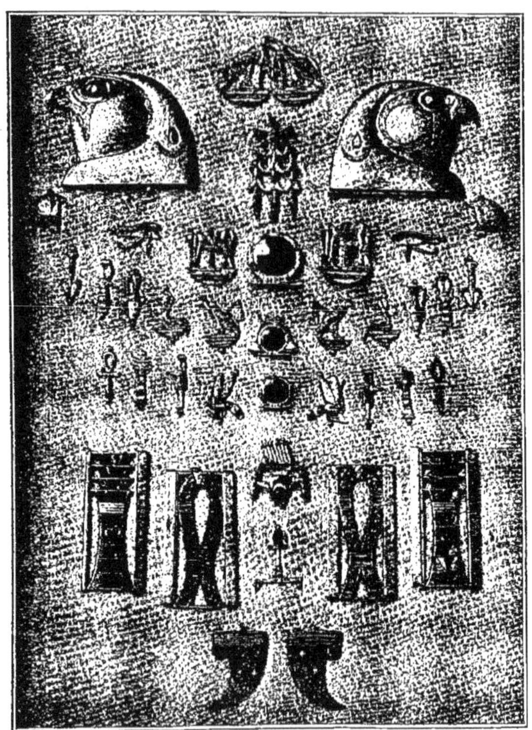

Bijoux. Nouvel Empire. Musée du Caire.

Ce sont les bijoux d'or trouvés par M. de Morgan en 1894, près des Pyramides du nord et du sud à Dahchour, témoignages merveilleux de l'orfèvrerie égyptienne vers l'an 2.000 avant J.-C. : le beau pectoral d'or en forme de temple, rehaussé de cornalines, de turquoises et de lapis-lazuli, de la princesse Sat-Hathor (XIIe Dynastie) ; celui de la princesse Merit, formé d'un vautour les ailes éployées, au-dessus du cartouche du roi Ousertesen III, les étuis à fard, les fermoirs de bracelets, les diadèmes, les lames de poignards.

Ce sont aussi les splendides objets de parure qui furent trouvés en 1895 dans les tombes de Dahchour, entre autres de deux princesses de la XIIe Dynastie, Aïti et Khnoumit, les deux extraordinaires couronnes en or incrustées de pierreries, imitant des couronnes de fleurs ; les agrafes et emblèmes hiéroglyphiques formant les pièces d'un collier à tête d'épervier, et le célèbre poignard de bronze avec poignée d'or incrusté, et pommeau en lapis.

C'est cette extraordinaire émeraude brute enfermée dans une résille d'or qui décore le pectoral trouvé sur la momie de Ramsès III en 1886, ou ces charmants bracelets trouvés en 1886 par M. Maspero sur la momie du prêtre-roi Pinotmou Ier (XXIe Dynastie) et les beaux poignards à fourreaux d'or, le bracelet et le pectoral au nom d'Ahmôsis, par lequel il est représenté entre Amon et Râ, ingénieuse combinaison de l'or avec les pierres précieuses et les émaux.

Poignard trouvé à côté de la momie de la reine Ahhotpou, XVIIe Dynastie. Musée du Caire.

Les plus beaux bijoux du musée sont peut être ceux qui furent trouvés sur la momie de la reine Ahhotpou ; elle était la femme de Kamos, roi de la XVIIe Dynastie et mère d'Amosis premier vainqueur des Hycksos. Détail inusité, son cercueil fut trouvé, couché à même le sable, par Mariette en 1860 à Drah-a-bou-'l-Neggah. Comment admettre qu'une momie royale ait put être enterrée de la sorte, sans tombeau préparé d'avance ? on peut supposer qu'elle fut volée par une de ces bandes de voleurs de tombes dont un papyrus du British Museum nous raconte les exploits, vers la fin de la XXe Dynastie. Surpris avant d'avoir pu la dépouiller, ils la cachèrent ; mais pris et mis à mort, ils ne revinrent jamais à leur cachette, que Mariette découvrit de nos jours. Le cercueil entièrement doré était lui-même admirable. La face avait dû être exécutée d'après les traits mêmes de la reine ; le profil très pur, des yeux très fendus, pleins de langueur ; un nez ferme, très fin et un peu arqué, révélaient une personne d'une singulière beauté, et qui avait exercé un prestige.

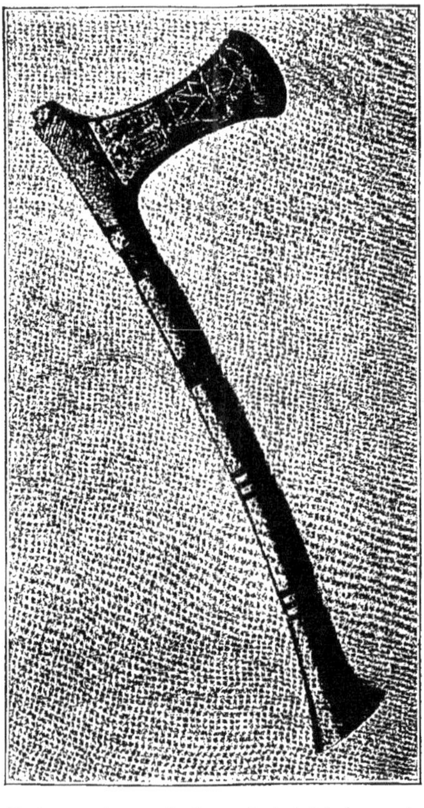

Hachette en bronze doré trouvée à côté de la momie de la reine Ahhotpou. XVIIe Dynastie. Musée du Caire.

La momie de la reine Ahhotpou portait un véritable trésor de bijoux inestimables comme travail d'art et matières précieuses ; la plus riche et la plus intéressante pièce était peut-être une *hachette* à tranchant d'or d'un goût exquis. Le manche de cèdre est recouvert d'une feuille d'or repercée d'hiéroglyphes à jour, ce qui produit des figures sombres sur un fond brillant. La légende du roi Amosis Ier y est tracée en incrustations de lapis-lazuli, de cornaline, de turquoise et de feldspath vert. Le taillant est de bronze : l'une des faces est recouverte d'une feuille d'or sur laquelle se dessinent des bouquets de lotus en pierres dures ; l'autre face enduite d'une pâte bleue très durcie est ornée de la figure en or d'Amosis terrassant un barbare qu'il tient par les cheveux. Au-dessous du roi est représenté le dieu de la guerre, Montou, sous la forme d'un griffon à tête d'aigle. — Cet admirable objet, ne peut être considéré comme une arme de combat, mais comme une arme d'apparat, un insigne de commandement.

Tout aussi remarquable est un poignard enfermé jadis dans une gaine d'or. Le manche est de bois décoré de triangles en cornaline, en lapis-lazuli, en feldspath et en or formant damier. Il est orné à sa base d'une tête d'Apis renversée, dont les cornes viennent embrasser et contenir le talon de la lame ; le pommeau est formé de quatre têtes de femmes adossées, en or repoussé. Le tranchant est en bronze noir, serti d'or massif et damasquiné. Sur la face supérieure un lion poursuit un taureau devant lequel marchent tranquillement deux grosses sauterelles. La face inférieure porte le nom d'Amosis, et quinze fleurs épanouies qui sortent l'une de l'autre et vont se perdant vers la pointe. On ne saurait rien imaginer de plus élégant que cette arme.

Les cheveux de la momie étaient retenus par une sorte de diadème d'or massif à peine aussi large qu'un bracelet ; le cartouche d'Amosis incrusté en pâte bleue vitrifiée sur une plaque oblongue était flanqué de deux petits sphinx en or.

Une grosse chaîne d'or flexible était enroulée autour du cou, terminée par deux têtes d'oies recourbées, avec un scarabée comme pendeloque.

Un large collier couvrait la poitrine ; un des chapitres du Livre des Morts le désigne du nom de *ouoskh*, avec ses rangées concentriques de figurines de toutes sortes, cordes enroulées, fleurs à quatre pétales en croix, antilopes poursuivies par des lions, chacals accroupis, éperviers, vautours et urœus ailés. Il s'agrafait au moyen de deux têtes d'éperviers.

Au-dessous du collier s'attachait le pectoral, en forme de *naos*, offrant le profil d'un temple Égyptien. C'est un tableau complet où l'on voit Amosis debout sur une barque sacrée, aspergé par Ammon et Râ de l'eau de purification ; la silhouette des figures est dessinée par des cloisons d'or ; le corps est composé de petites plaques de pierre et d'émail dont beaucoup ont disparu. — Ce bijou un peu lourd devait produire un grand effet dans l'ensemble du costume royal, quand sa large surface riche et brillante de tons étincelait sur la poitrine nue entre le bord supérieur du corselet de lin brodé de couleurs éclatantes, et les épaulières couvertes de pierres fines.

Nous ne décrirons pas longuement tous les bijoux qu'on retrouva auprès de la momie, les pendeloques, les bracelets ; les uns destinés à être portés à la cheville ou dans le haut du bras, les autres au poignet. L'un de ces bracelets dont le procédé de fabrication était l'émail cloisonné, était décoré d'une figure d'Amosis à genoux entre le dieu Sibou et ses acolytes. — Un autre bracelet, du plus saisissant caractère, était en or massif, et formé de deux bandeaux parallèles ornés de turquoises. Sur le devant un vautour déploie ses ailes dont les plumes sont formées de pâtes de verre vert, de lapis-lazuli et de cornaline, enchâssées dans des cloisons d'or.

Il y avait encore le miroir à main de métal poli, le manche d'éventail en bois lamé d'or, une chaîne d'or longue et flexible à laquelle étaient suspendues trois manches d'or massif, et enfin deux modèles de barques d'or et d'argent. L'une contenait quinze figurines de rameurs, l'autre douze, et cette dernière était portée sur quatre roues de bronze. On suppose à bon droit que ces singuliers monuments symbolisaient le voyage mystérieux que l'âme du défunt devait entreprendre dans les régions célestes.

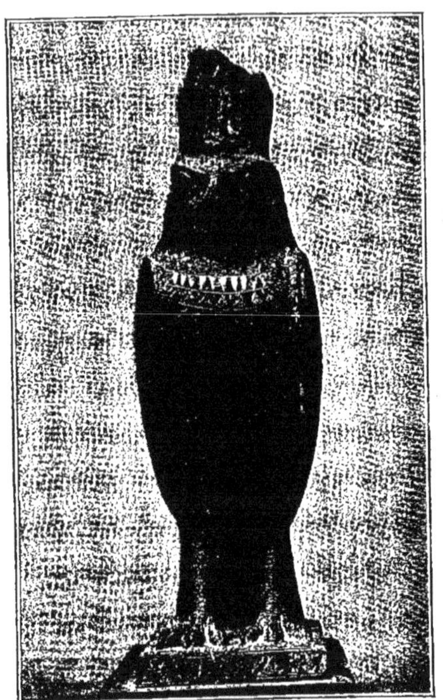

Epervier en bronze incrusté de matières précieuses. Nouvel Empire. Musée du Caire.

De tous les symboles hiéroglyphiques que les Égyptiens aimaient à enfermer dans les tombeaux de leurs morts, les colonnettes de feldspath vert (résurrection), les sceaux de lapis (promesses d'éternité), les cartouches royaux, les disques de pâte vitrifiée rouge (soleil levant, résurrection), les angles et les triangles (mystère et adoration), les chevets et supports de tête (quiétude éternelle), les tats ou nilomètres (stabilité), l'outa ou œil mystique (sécurité du suprême voyage), les croix ansées (emblêmes de la vie éternelle), je ne retiendrai parmi les innombrables scarabées, symboles de la régénération céleste, que le grand et magnifique scarabée d'or massif, aux élytres bleues rayées d'or, aux pattes si délicatement ciselées qu'on les croirait moulées sur nature, que la reine portait suspendu au cou par une longue chaîne d'or.

Sous la XXIe Dynastie (1100 ans avant J.-C.), le triomphant éclat de la civilisation thébaine commençait déjà à s'obscurcir : les vieux ennemis constamment refoulés par les Touthmès et les Ramsès avançaient peu à peu, gagnaient du terrain et s'y maintenaient : les Lybiens avançaient par le nord, les Éthiopiens par le sud, et la « vile race de Kousch » ainsi que disaient les inscriptions, occupait en maîtresse les palais de Thèbes dont les murailles racontaient si copieusement les victoires des Égyptiens sur elle. Une *stèle* trouvée en 1862 au mont Barkal en Éthiopie par des officiers égyptiens de passage, et envoyée l'année suivante au musée de Boulaq, nous reporte aux temps de la XXIIIe Dynastie, environ 740 ans avant l'Ère, et nous donne des renseignements très précieux sur l'état de misère et de division où était l'Égypte d'alors. Cent soixante-dix-huit lignes de texte officiel, accompagnées de scènes représentatives, nous apprennent comment le roi Éthiopien Piannki fit la conquête entière de l'Égypte, sans coup férir. Ce royaume Éthiopien n'était d'ailleurs qu'un très vieux rameau de l'Empire des Dynasties Pharaoniques de la XXIIe Dynastie, alors que les rois-prêtres d'Ammon-Râ, exilés en Nubie par eux, s'y étaient taillés un royaume indépendant dont la capitale était Napata.

La royauté nationale, bien déchue, végéta longtemps dans les plaines basses du Delta, jusqu'à ce qu'un de ses rois, Psammetik Ier de la XXVIe Dynastie (665-535) ouvrant l'Égypte aux Grecs, ait par son génie et son activité déterminé une troisième Renaissance dans sa capitale Saïs.

L'art reçut alors une impulsion nouvelle : la gravure des hiéroglyphes devient admirable de finesse. Les statues, sans avoir la grandeur et la hardiesse des belles œuvres de l'Ancien et du Nouvel Empire, prennent une élégance extrême : les proportions du corps s'allongent, il semble qu'une grâce du génie grec à peine naissant, s'y fait sentir mystérieusement : l'exécution en est poussée aussi loin que possible, l'artiste sait assouplir la pierre de façon extraordinaire. Après le calcaire de l'École Memphite, le granit de l'École Thébaine, les Saïtes s'attaquèrent surtout au basalte et à la serpentine, matières à grain fin, à noyau compact et dur, autant de difficultés dont ils se faisaient un jeu de triompher.

Déjà sous le règne du dernier héritier des rois Éthiopiens, une statue de la princesse royale Ameniritis, nous révélait une renaissance de la sculpture très manifeste. Les formes longues et sveltes à peine voilées d'un pagne collant, ont une grâce chaste. La tête porte la grande perruque des déesses, surmontée d'une couronne qui dut être autrefois ornée de deux plumes d'or.

Mais d'un art plus robuste assurément, est cette Touéris qui avait le privilège de protéger les femmes enceintes et de présider aux accouchements. Elle revêt les gracieuses apparences d'un hippopotame au ventre proéminent et aux mamelles de femme. Taillée dans un bloc de serpentine verte, polie, tout à fait semblable au bronze, elle fut découverte à Thèbes, au milieu de la ville antique par des fellahs en quête d'engrais pour leurs terres.

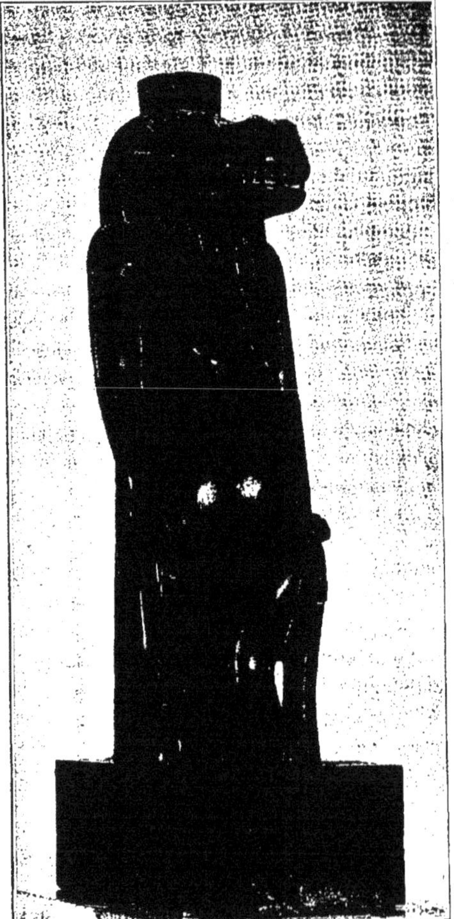

Statue en serpentine de la déesse Touéris. Nouvel Empire. Musée du Caire.

Les quatre monuments provenant du tombeau de Psammétik peuvent être considérés comme de remarquables spécimens des travaux exécutés sous ce règne glorieux. Ce sont quatre pièces en basalte verte, une table d'offrandes, une statue d'Osiris, une de Nephtys, et une vache d'Hathor sous le museau de laquelle le mort est adossé.

La statue de Pedishashi assis à terre, les jambes droites et serrées, les bras croisés sur les genoux, offre en ses traits fins une charmante impression de grâce et de douceur.

Mais où l'art saïte a triomphé, c'est surtout dans ces statues dont les têtes sont de véridiques portraits, d'une sincérité sans atténuation, et où tous les caractères physionomiques sont indiqués avec une énergie surprenante. Les plus menus détails sont observés, et ce qui est merveilleux le travail n'en conserve pas moins un caractère unique de simplicité et de grandeur simple. Le musée du Caire en possède quelques remarquables exemplaires qui cependant ne sauraient faire oublier les têtes du musée du Louvre.

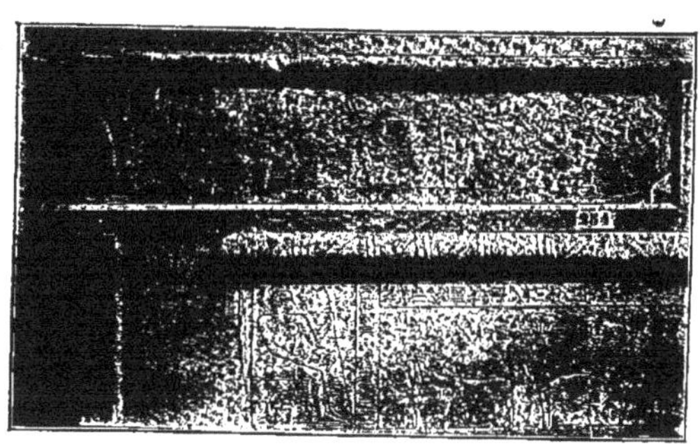

Sculptures méplates sur la pierre calcaire du tombeau de Psammetik Ier.
Musée du Caire.

La conquête macédonienne et le contact prolongé des Grecs allaient entraîner l'art égyptien vers de nouvelles destinées. Longtemps encore l'Égypte posséda le pouvoir d'absorption, cette faculté d'annihiler les influences extérieures avec cette résistance passive qui avait fait sa force. Les successeurs d'Alexandre, les premiers Ptolémées dont d'in-

Plaques d'ivoire XIIIe siècle.

nombrables statues couvraient le sol de l'Égypte, nous apparaissent habillées en Pharaon, et rien ne les distinguent des effigies royales qui leur sont antérieures de plusieurs siècles. Mais peu à peu la vue des grandes œuvres grecques dut bouleverser les artistes de la Basse-Égypte ; un grand souffle venu du nord avait passé. A cette heure l'Égypte avait accompli sa mission, et selon la belle expression d'Ernest Renan « elle demeurera comme un phare au milieu de la nuit profonde de la très haute antiquité. »

II. — L'ART INDUSTRIEL MUSULMAN AU CAIRE

Écusson.

Pendant longtemps, jusqu'à ces derniers temps, seuls dans le monde musulman les monuments mauresques de l'Espagne avaient été l'objet d'un certain intérêt; c'était pour nous le pays le plus voisin où la civilisation arabe avait laissé des vestiges fameux. Les monuments de Cordoue, de Séville et de Grenade avaient conservé auprès de nos écrivains romantiques un prestige incontestable, et ils furent par eux célébrés sur tous les modes. Quant aux monuments du Caire, ils étaient renommés, mais inconnus, ceux de Syrie et d'Asie Mineure étaient légendaires.

Quelle moisson de documents aujourd'hui disparus aurait pu recueillir celui qui y aurait consacré quelques années d'études! Et quel musée extraordinaire on aurait alors pu former, en garantissant de la destruction ou du rapt tout ce que ces monuments contenaient encore d'objets mobiliers des plus belles époques!

Ce fut en 1869, que pour la première fois au Caire, l'idée fut émise de la création d'un musée d'art arabe. Elle avait été suggérée au khédive Ismaïl par l'architecte Salzmann. Et ce ne fut que onze ans plus tard qu'elle reçut un commencement d'exécution, sur l'ordre du khédive Tewfick. Ce fut l'autrichien Franz-Pacha, architecte de l'administration des wakfs qui fut chargé d'organiser le musée, et de réunir tout ce que les mosquées pouvaient encore contenir d'objets précieux, échappés à l'action du temps ou à l'avidité des étrangers. La mosquée à demi ruinée d'el-Hakem leur servit de dépôt. On édifia dans la partie méridionale de la cour, une construction provisoire pour abriter les collections. M. Herz-Bey qui depuis 1892 a été chargé de la direction du musée, a fait le classement des objets et en a dressé un excellent catalogue. Mais cela ne pouvait être qu'une installation provisoire, et le gouvernement khédivial comprit la nécessité que ces collections si précieuses fussent exposées dans un monument approprié et digne d'elles. Aussi a-t-on construit au Caire un nouveau Palais, sur la place Bab-el-Khalk, dont le rez-de-chaussée a reçu, en 1902, les collections du musée Arabe — et dont le premier étage est réservé à la Bibliothèque khédiviale. On ne saurait admettre aussi que le développement de ce musée soit arrêté; il n'existe plus rien dans les mosquées qui puisse un jour lui revenir, il faut donc l'accroître désormais par des acquisitions auxquelles l'État Égyptien ne saurait se refuser. L'intérêt qu'ont commencé à lui porter les curieux de l'art arabe l'exige absolument.

L'une des premières salles contient un certain nombre d'objets complets ou fragmentaires en plâtre, en pierre et en marbre; quelques-uns sont d'un intérêt considérable, parce qu'ils offrent parfois des inscriptions ou des éléments décoratifs caractéristiques d'époques dont les monuments n'ont pas subsisté au Caire. Le *stuc* fut employé dès l'origine de l'art arabe, et son emploi s'est poursuivi jusqu'à nos jours, alors même que la pierre était d'un usage commun. Les ornements étaient découpés et taillés dans le vif même de la matière, ainsi que le montrent les encadrements d'une fenêtre de l'ancienne mosquée du sultan El-Kamel, et les clôtures de fenêtres ou vitraux, qu'on nomme *kamarieh* ou *chamsieh* dont la mode a persisté. Ce furent d'abord des grilles ou claire-voies découpées à jour libre et qui à partir du XIIIe siècle sont toujours garnies de vitres de couleur très épaisses, et parfois d'une riche et puissante coloration.

La pierre de taille remplaça la brique dans la construction vers le Xe ou le XIe siècle seulement, ce qui peut étonner, les monuments égyptiens et

Panneau du cénotaphe d'Ismail Sadat el-Taalbe (1216).

gréco-romains offrant aux Arabes de véritables carrières de pierres où ils pouvaient puiser librement. Toutes les mosquées antérieures au XIIe siècle sont bâties en briques ; les minarets le furent même plus long-

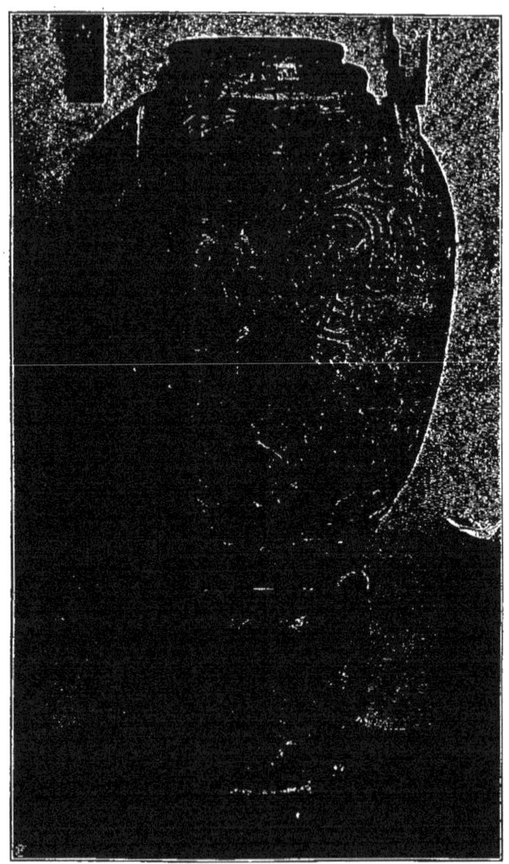

Grande jarre de marbre sculpté de la Mosquée de la princesse Tatar. Musée du Caire.

temps encore, celui de la mosquée-tombeau de Kalaoun étant le premier qu'on connaisse construit en pierre de taille. Ce fut surtout sous les sultans circassiens que la pierre de taille devint d'un usage constant, et se prêta aussi bien dans les minarets que dans les coupoles à tous les systèmes de décoration. Le musée a recueilli tous les chapiteaux, les frises, les inscriptions, fragments provenant des monuments anciens, et aussi une suite des plus importantes de stèles funéraires : mais le monument de pierre le plus remarquable qui subsiste est encore en place, c'est le merveilleux minbar en grès blanc sculpté dont le sultan Kait-Baï a doté le tombeau du sultan Barkouk au désert.

La série des objets en métal ne répond pas à l'importance que cet art eut au Caire à toutes les époques. Il ne reste, bien entendu, absolument rien de l'époque fatimite, et quel regret on en doit éprouver à lire l'inventaire que Makrisi nous a conservé du trésor du sultan El-Mostanser pillé par la soldatesque turcomane. Mais à partir de la fin du XIIIe siècle, un grand nombre de pièces conservées nous permet de suivre cette industrie jusqu'au XVIe siècle. C'est alors que fleurit, aussi bien en Mésopotamie (à Mossoul) qu'au Caire, l'art admirable des cuivres incrustés d'or et d'argent.

Chandelier en cuivre incrusté d'argent.
Art arabe du Caire (XIVe siècle).

Le musée a conservé quelques grands chandeliers très simples, en cuivre jaune, portant pour tout ornement une frise d'inscription. Ils proviennent de mosquées des XIIIe et XIVe siècles, puis un petit chandelier dont les incrustations d'or et d'argent sont bien conservées et qui offre le grand intérêt d'une inscription (nom de l'artiste, et date, 600 de l'Hégire, XIIIe siècle). Puis quelques grands vantaux de portes plaquées de bronzes ou de cuivres, tels que ceux des mosquées Saleh-Telayeh, puis de la princesse Tatar, ou du sultan Barsbaï. La série des lampes et lustres est très importante, et de formes très variées, pour les XIVe et XVe siècles.

Mais les morceaux tout à fait capitaux sont les deux *Koursi* de Kalaoun et de Mohammed-en-Nassir. On appelle ainsi les tables octogonales qui de chaque côté du mirhab devaient porter les chandeliers. Ces koursis sont en cuivre jaune, les côtés divisés en panneaux percés à jour

Koursi en cuivre incrusté d'argent, au nom de Mohammed-en-Nassir.
Musée du Caire.

et gravés, séparés par des baguettes à inscriptions d'argent incrusté. Le premier, celui de Kalaoun, a son plateau fait d'une rosace en lettres kouffiques séparées par les compartiments animés de canards. Il est signé sur un des pieds du nom de Mohammed, fils de Sounkor de Bagdad, et daté de l'an 728 de l'Hégire (1327). Une caisse de Coran en bois, plaquée entièrement de cuivre jaune, décorée de grands caractères kouffiques à travers lesquels courent de merveilleux rinceaux incrustés en argent, provient de la mosquée du sultan El-Ghoury. Ce sont là de superbes objets d'art, d'une somptuosité rare, d'une technique surprenante, et qui justifient la renommée dont les objets de ce genre ont joui dans tout l'Orient jusqu'au XVIe siècle ; ils ont alors exercé un tel prestige sur l'Europe que Venise se mit à les imiter.

La salle suivante est réservée aux verres, et la collection en est extraordinaire. Il y a là une soixantaine de grandes lampes de mosquées en verre émaillé, qui font que le musée du Caire ne saurait être de longtemps dépassé, même par le Kensington Museum, qui en possède une vingtaine. La direction des Wakfs a eu la chance d'en retrouver un grand nombre dans les mosquées; une seule d'entre elles avait une armoire fermée depuis bien longtemps qui en contenait plus de vingt. Chacune de ces pièces a aujourd'hui une valeur considérable.

Ces objets témoignent hautement de l'habileté et du goût des verriers arabes de ces époques, aussi bien pour la conception décorative que pour la forme. La beauté des inscriptions et la franchise de coloration des émaux y est supérieure. Les lampes ont toujours la même forme, et sont faites de façon à pouvoir être suspendues aux plafonds des mosquées par de longues chaînes, ou posées sur des tables. On accrochait toujours les godets à veilleuses sur les bords, afin que les parois de la lampe ne soient pas encrassées par l'huile.

La collection des bois arabes est peut-être plus importante encore que celle des verres, mais à coup sûr, on ne peut connaître cet art qu'au Caire. En dehors des grandes frises à caractères kouffiques, qu'on rencontre à la mosquée de Touloun, au tombeau d'Hassan, à celui de Kalaoun, les panneaux des grandes portes d'entrée, les volets de fenêtres ou d'armoires, les pupitres, les chaises, les niches, les caisses de korans, les tables et les banquettes, ont été autant de motifs ou les surprenants artistes se sont livrés à toute la fantaisie et à toute l'habileté de leur art.

La caractéristique du travail du bois au Caire, est sa division en nombreux panneaux, résultat de précautions climatériques, avant d'être une méthode artistique. Pour lutter contre le resserrement du bois causé par l'extrême chaleur, on imagina une division superficielle en petits panneaux ayant entre eux assez de jeu, pour que le resserrement ne puisse nuire à la disposition totale.

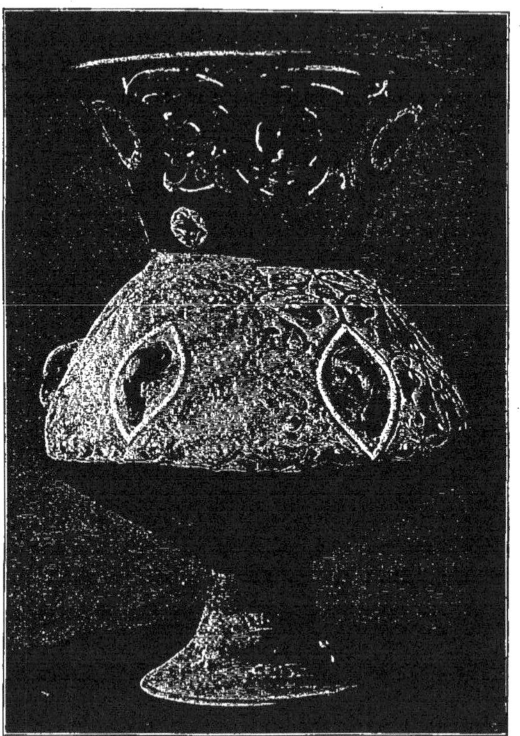

Lampe de verre émaillé au nom du sultan Hassan. Musée du Caire.

Les portes sont de beaux travaux de sculpture simplifiée, où les compartiments symétriques, alternant avec les surfaces planes, présentent des reliefs robustes. Telle est la belle porte provenant de la mosquée el-Azhar au nom de l'Imam El-Hakem, ou celle de la mosquée de Kalaoun, puis celle de la mosquée El-Goharieh, celle encore du tombeau du sultan Saleh Nigm ed-Dyn.

Une des salles nous offre une série d'objets unique : on y peut observer qu'avec le XIIIe siècle l'exécution en devient plus serrée et plus fine ; les motifs se rétrécissent, les lignes minces se multiplient de plus en

Inscriptions kouffiques provenant de monuments du Caire.

en plus en étoiles hexagonales très nerveusement sculptées. On ne saurait rien voir de plus beau que la niche à prière prise dans la chapelle funéraire de Sitta-Roukaya. L'encadrement est tout entier composé de petits panneaux sculptés en étoiles et en diverses figures géométriques : un motif y apparaît fait d'un vase d'où émergent d'élégants rinceaux semés de fleurs et de fruits. Non moins remarquable est aussi celle qui provient de la mosquée de Sitta Nefisah, et celle de la mosquée El-Azhar. On ne peut rien voir de plus beau comme travail du XIIe siècle. Toutefois, les trois côtés du cénotaphe provenant d'un tombeau près de la mosquée d'Imâm el-Chafey, travail du XIIIe siècle, ne le cèdent en rien pour la

Koursi en bois sculpté. Musée du Caire.

beauté des ornements et des inscriptions et la vigueur de l'outil, aux précédents. Un joli koursi de bois, et un beau coffret-boîte de Coran, provenant tous deux de la mosquée du sultan Châban, sont de charmants travaux de mosaïques de bois d'une grande finesse. Vers le XVe siècle apparaît un autre mode d'ornementation ; l'ivoire sculpté en petits bas-relief, combiné avec l'ébène, l'étain et le bois rouge, en petits panneaux assemblés et joints les uns avec les autres, fait une mosaïque souvent admirable dont les menuisiers arabes ont su tirer un étonnant parti dans les portes, les minbars, les sièges et tous les petits meubles.

Un autre genre très important de la menuiserie arabe au Caire a été la pièce tournée ou *Moucharabieh*, qui veut dire étymologiquement « pièce où l'on boit », c'est-à-dire les petites baies qui débordaient des maisons et où l'on mettait l'eau à rafraîchir dans le courant d'air; les

Mirhab de bois de la chapelle de Sitta Roukaya.

volets en bois tourné qui les fermaient, ont ainsi emprunté leur nom. Cette industrie devait être au Caire très ancienne. La fragilité du bois en a fait disparaître les plus anciens spécimens ; toutefois, un des plus fameux et des plus archaïques, est la clôture du tombeau de Kalaoun : ce sont des balustres massifs, véritable grille de bois qui cherche à imiter le travail rude du fer.

Dans la mosquée de l'Émir El-Mardani (1344), nous rencontrons le vrai système des moucharabiehs avec toute la variété des formes géométriques. A partir d'une certaine époque, ils ont joué un rôle important

Boite à Coran en marqueterie de bois. Musée du Caire.

dans la décoration architecturale des maisons, et leur usage fut des plus répandus. Un grand nombre de maisons dans les quartiers arabes du Caire en possèdent encore, et ils contribuent à donner à la rue un aspect des plus pittoresques, par les encorbellements variés qu'elle présente. Le Musée a recueilli de maisons en démolition, une suite très importante et très variée de moucharabiehs qui permettront un jour de faire l'histoire de cet art local si curieux.

L'histoire de la céramique arabe au Caire, sera un des chapitres (qui n'a pas encore été fait[1]) les plus intéressants de l'art en ce pays. Elle doit

1. Esquissée par le Dr Fouquet, elle sera reprise par lui en un travail d'ensemble.

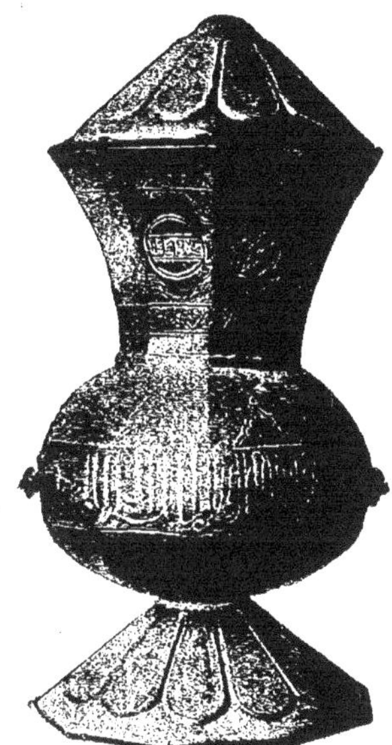

Vase en cuivre de la mosquée
dn sultan Hassan.
Musée du Caire.

remonter à l'origine même des temps islamiques. Ce qui est certain, c'est qu'elle existait, en plein éclat, quand le voyageur persan Nassiri Kosrau vint en Égypte au XIIe siècle. Il nota, comme un fait des plus curieux, qu'on fabriquait à Misr une faïence très fine décorée, de couleurs analogues à celles de l'étoffe dite *bougalemoun* dont les nuances changent selon la position qu'on lui fait prendre. Lisez « reflets métalliques ». Cette observation est des plus importantes, car elle prouve que bien avant la Perse, l'Égypte avait connu ce genre de décoration céramique. Il n'a pour ainsi dire pas subsisté de pièces de faïence entières et intactes de ces époques ; mais un médecin du Caire, le docteur Fouquet, au cours de fouilles très superficielles, d'ailleurs, faites dans les collines de décombres qui ont recouvert le sol de la vieille ville de Fostat, a retrouvé un très grand nombre de fragments de vases, de bols, de plats de cette famille céramique. Ils permettent de constater la perfection technique et décorative qu'avaient atteint les potiers de ces temps

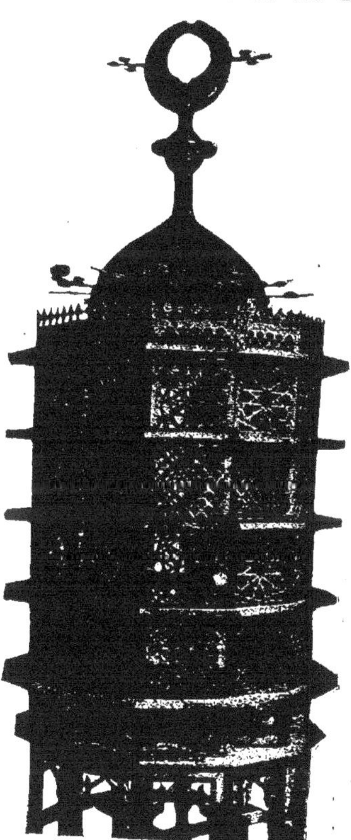

Lustre de bronze de la mosquée du sultan
Hassan. Musée du Caire.

anciens. Ils permettent aussi de faire cette autre constatation, c'est que par les formes, par certains motifs décoratifs, par certaines nuances de couvertes, les potiers arabes ont été fortement influencés par les céramistes chinois. D'ailleurs, les céladons chinois ont eu de tout temps, en Égypte, une grande vogue, et les fouilles en restituent d'innombrables fragments.

Kamâriye. Vitrail en plâtre ajouré.

Un autre genre de céramiques, les plaques de revêtement, qui ont joué en certains pays, tels que la Perse, la Turquie et l'Espagne, un si grand rôle architectonique, ont été très peu employées par les acines Arabes du Caire ; on en trouve trace dans les minarets de la mosquée d'En-Nassir à la citadelle et aux tombeaux de l'Emir Tachtomar et de Khaouand Baraka aux tombeaux des Khalifes. Ce sont des carreaux à fonds unis, verts ou bruns, sur lesquels parfois des caractères d'inscriptions se détachent en blanc. De grandes plaques recueillies au musée et qui présentent ces caractères, proviennent du tombeau du sultan El-Ghouri.

Jusqu'au XVIe siècle les Arabes n'avaient fait au Caire qu'un usage très restreint des revêtements céramiques. Mais avec l'invasion des Turcs, l'emploi de ce procédé décoratif devient très fréquent pour les murs des mosquées, des maisons et des fontaines publiques.

Nous en avons fini avec les diverses séries de l'art décoratif arabe qui se trouvent représentées au musée du Caire. Il en est deux qui y font à peu près complètement défaut, et il y a lieu de s'en désoler, car elles furent des plus importantes : ce sont celles des armes et des étoffes et tapis. Le premier fonds manquant totalement, il sera bien difficile de les former, aux prix formidables qu'ont atteint ces objets actuellement en Europe.

III. — LA BIBLIOTHÈQUE KHÉDIVIALE

La bibliothèque khédiviale a été formée, en 1870, sous Ismaïl par la réunion des bibliothèques des divers établissements publics, et surtout des mosquées : un certain nombre d'ouvrages ont même été offerts depuis par quelques gouvernements étrangers. Elle est installée dans les appartements du palais Darb-el-Gamamiz.

C'est une collection inestimable qui renferme encore aujourd'hui quelques-uns des grands corans que certains sultans avaient considéré comme un devoir de copier tout entiers de leurs mains. Ils s'adjoignaient ensuite des miniaturistes célèbres qui les ornaient d'enluminures et d'inscriptions avant qu'ils ne fussent offerts à leurs mosquées. Ils sont tous écrits sur papier crème sorti des papeteries de Fostat. Les tons sont plats et simples, les dorures appliquées à la feuille, sont cernées d'un trait noir qui les accentue, et les fonds du papier apparaissent, soit nus, soit hachurés de traits. Les corans du sultan Barkouk sont merveilleux d'ornementation gracieuse et fine ; mais ceux de Chââban sont peut-être les plus splendides de simplicité et de grandeur. La polygonie y règne en maîtresse ; celui de la mère du Sultan s'agrémente toutefois de guirlandes de fleurs. Les titres et les bordures sont d'un dessin extraordinaire, et d'une couleur qu'on ne peut imaginer. Et notez que ces livres ont un mètre de haut sur 85 centimètres de large, et que c'est sur de pareilles surfaces que l'enlumineur a dû composer et a réussi à faire œuvre d'harmonie. Quelques reliures y sont aussi du plus grand intérêt ; car ce sont elles qui ont influé sur le développement de la reliure en Europe, et particulièrement sur les premières reliures italiennes, sur les Majoli et les Grollier. Les ornements des plats sont en creux, alors même que les gardes présentent des reliefs. Les plats offrent des ornements dorés et même parfois coloriés, tandis que les gardes conservent la couleur naturelle du cuir, rouge ou chamois.

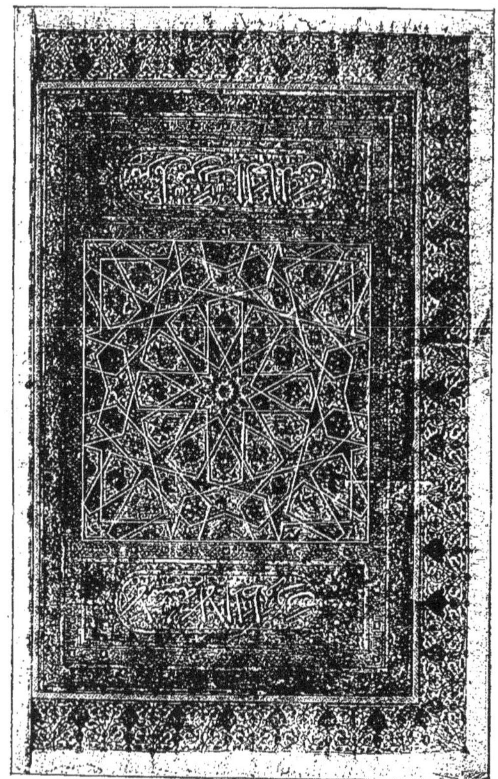

Enluminure du Coran égyptien. (Bibliothèque khédiviale.)

En dehors des corans arabes qui sont des ouvrages bien locaux, sortis des mains d'artistes du Caire, la bibliothèque possède toute une série de livres persans qui sont du plus haut intérêt d'art. Ils n'offrent pas l'extrême rareté des grands corans des sultans, et l'on pourrait en rencontrer une collection plus complète encore au British Museum, ou à notre Bibliothèque Nationale, mais quelques-uns sont d'un charme très grand. Je citerai, un Bostan de Saadi, illustré par le grand peintre de Hérat Behzadé (XVIe siècle) ou le poème de Maghnoun et de Leïla du même; puis quelques ouvrages illustrés par Djanghir ou par Bokhary ou Djami où le paysage est rendu avec une poésie et un sentiment de la nature tout à fait surprenants. Cet art est encore très peu connu, et aucune étude d'ensemble n'en a été faite; il est cependant des plus importants et des plus variés, et les influences qu'on y rencontre à partir d'une certaine époque, venues de l'est par l'entremise des Mongols, en rendraient les comparaisons des plus instructives avec les arts d'Extrême-Orient.

Sculptures en plâtre au mausolée des Abbassides.

BIBLIOGRAPHIE

L'ÉGYPTE ANTIQUE

A. Mariette. *Aperçu de l'histoire d'Égypte*. Paris, 1864.

E. de Rougé. *Recherches sur les monuments des six premières dynasties*. Paris, 1866.

E. Meyer und J. Dunischen, *Geschichte der alten Ægypteus*. Berlin, 1877-1887.

H. Brugsch. *Geschichte Ægypteus*. Leipzig, 1877.

Wiedemann. *Ægyptische Geschichte*. Gotha, 1884-1886.

Fl. Petrie. *A history of Ægypt*. London, 1895-1896.

Perrot et Chipiez. *Histoire de l'art dans l'antiquité*, t. I. Paris, 1882.

G. Maspero. *Histoire ancienne des peuples de l'Orient*. Paris, 1886.

— *Histoire ancienne des peuples de l'Orient classique*. Paris, 1895.

— *Archéologie égyptienne*. Paris, 1887.

G. Maspero. *Lectures historiques*. Paris, 1890.

— *Guide du visiteur au musée du Caire*. Le Caire 1902.

— *Les Contes populaires de l'Égypte ancienne*, nouvelle traduction, 1905.

Fl. Petrie. *Ten years digging in Égypte*. London, 1893.

De Morgan. *Recherches sur les origines de l'Égypte*. Paris, 1896.

Mis de Rochemonteix. *Le temple égyptien*. Paris, 1887.

— *La grande salle hypostyle de Karnak*. 1891.

Ad. Erman. *Ægypten und Œgyptisches leben im alterthum*, 2 volumes Tubingen, 1885-1887.

V. Loret. *L'Égypte au temps des Pharaons* 1893.

P. Pierret. *Dictionnaire d'archéologie égyptienne*.

A. Rhoné. *L'Égypte à petites journées*. Paris, 1877.

L'ÉGYPTE ARABE

Makrisi. *Histoire des Sultans mammlouks*. Traduction de Quatremère.

— *El Khitat. Topographie de l'Égypte et monuments du Caire*. Traduction Bouriant (*Mémoires de la mission archéologique*, t. XVII).

Description de l'Égypte, ou recueil des observations et recherches qui ont été faites en Égypte pendant l'expédition de l'armée française. Publié par ordre de S M. Napoléon. Imprimerie Impériale, 1809.

L.-J. Marcel. *L'Égypte depuis la conquête des Arabes jusqu'à la domination française*. Firmin Didot, 1848.

Pascal Coste. *Architecture arabe ou monuments du Caire, mesurés et dessinés de 1818 à 1825* Firmin Didot, 1839.

Prisse d'Avesne. *L'art arabe d'après les monuments du Caire*. 1 vol. texte. 3 albums de pl. Paris, Morel, 1877.

Bourgoin. *Les arts arabes*. Paris, 1873.

— *Les éléments de l'art arabe*. Didot, 1879.

— *Précis de l'art arabe*. Leroux, 1892.

Ebers. *L'Égypte, Alexandrie, Le Caire*. Traduction Maspero. Paris, 1880.

Stanley Lane Pool (Edward). *Modern Egyptain*. 1860.

Stanley Lane Pool. *Story of Cairo*.

— *The Mohammedan Dynasties*. 1894.

— *A History of Egypt*. 1901. (Avec une bibliographie des sources arabes, en tête du volume.)

— *Saracenic Arts*. Chapman. Londres, 1886.

Butler. *Ancient Coptic Churches of Egypt*. Oxford, 1884.

Franz Pacha. *Handbuch der architecktur*. 3° vol. *Dei Baukunst des Islam*. Darmstadt, 1887.

Franz Pacha. Introduction du *Guide Bædeker*. Lower Egypt.

Corbett Bey. *The history of the mosque of Amrou*. 1890.

— *The life and works of Ahmed ibn Touloun*. (*Journal of the R. Asiatic Society*.) 1891.

Annales du Comité de Conservation des Monuments de l'art arabe au Caire.

Mémoires de la Mission archéologique française au Caire.

Max Van Berchem. *Matériaux pour un Corpus inscriptionum arabicarum*. Égypte. (*Mémoires de la Mission archéologique du Caire*, XIX.)

— *Journal asiatique*, 1891-1892.

Casanova (P.). *Mémoire sur la citadelle du Caire, d'après Makrisi*. (*Mémoires de la Mission*, VI.)

Ravaisse (P.). *Essai sur l'histoire et la topographie du Caire d'après Makrisi*. (*Mémoires de la Mission*. T. I, III.)

Salmon. *Topographie du Caire*. (*Mémoires de la Mission*. 1902.)

Herz Bey. *Catalogue du musée de l'art arabe du Caire*.

— *Gazette des Beaux-Arts*, 1903. (Le Musée arabe du Caire).

— *La mosquée du sultan Hassan*. Le Caire, 1899.

— Notice dans le *Guide Joanne* (Égypte).

Gayet (A.). *L'art arabe*. 1893.

— *L'art copte*. 1901.

Saladin. *Manuel d'archéologie musulmane*. I. *Architecture*. Paris, Picard, 1906.

G. Migeon. *Manuel d'archéologie musulmane*. II. *Les arts industriels*. Paris, Picard, 1906.

Façade de l'Okelle Kait-Baï.

Fontaine aux ablutions de la mosquée de Mehemet Ali.

TABLE DES ILLUSTRATIONS

Mosquée Sinan-Pacha.

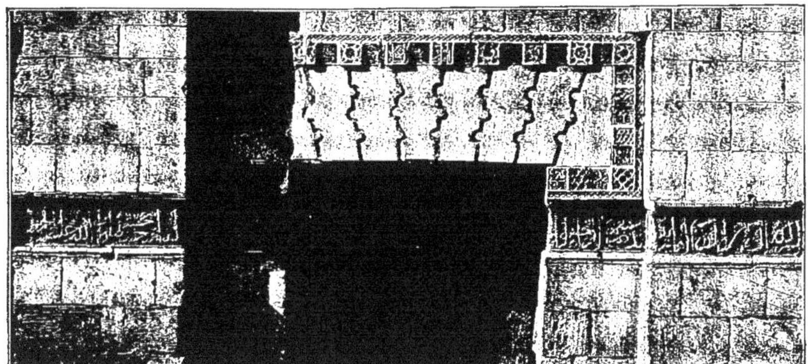

Porte d'entrée du tombeau de Sadat el-Taalbe.

TABLE DES MATIÈRES

CHAPITRE VII

CHAPITRE VIII

Medresseh de sangar el-Gauli.

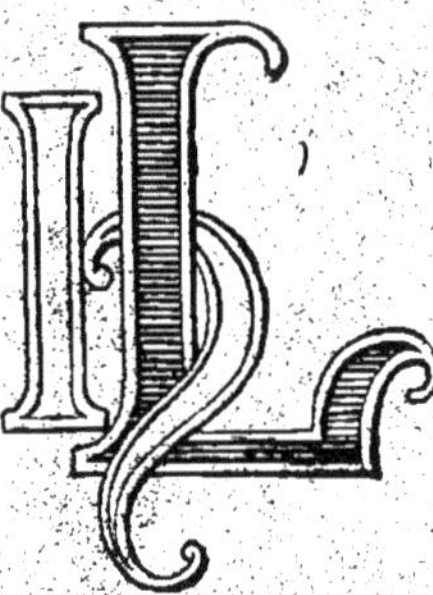

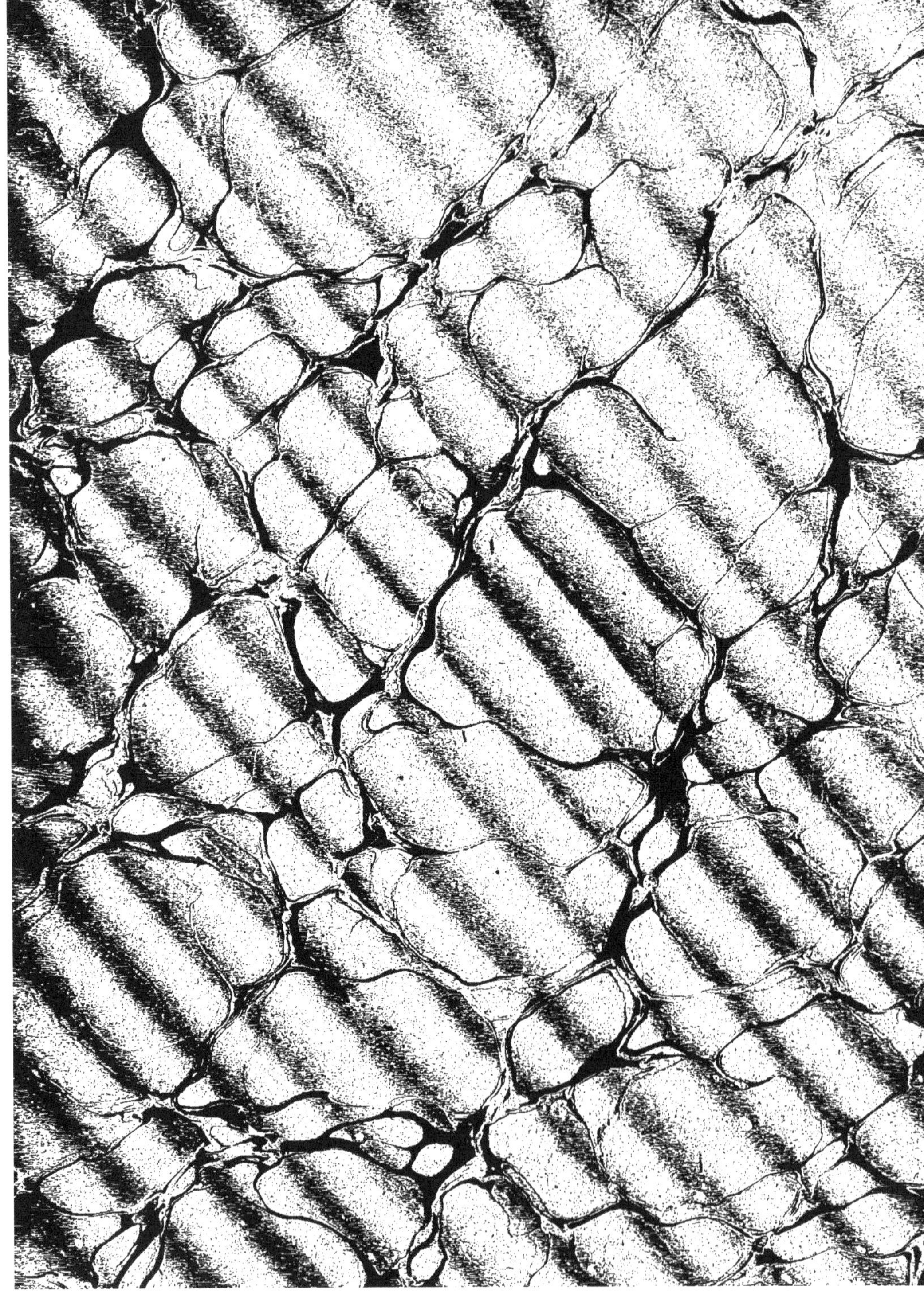

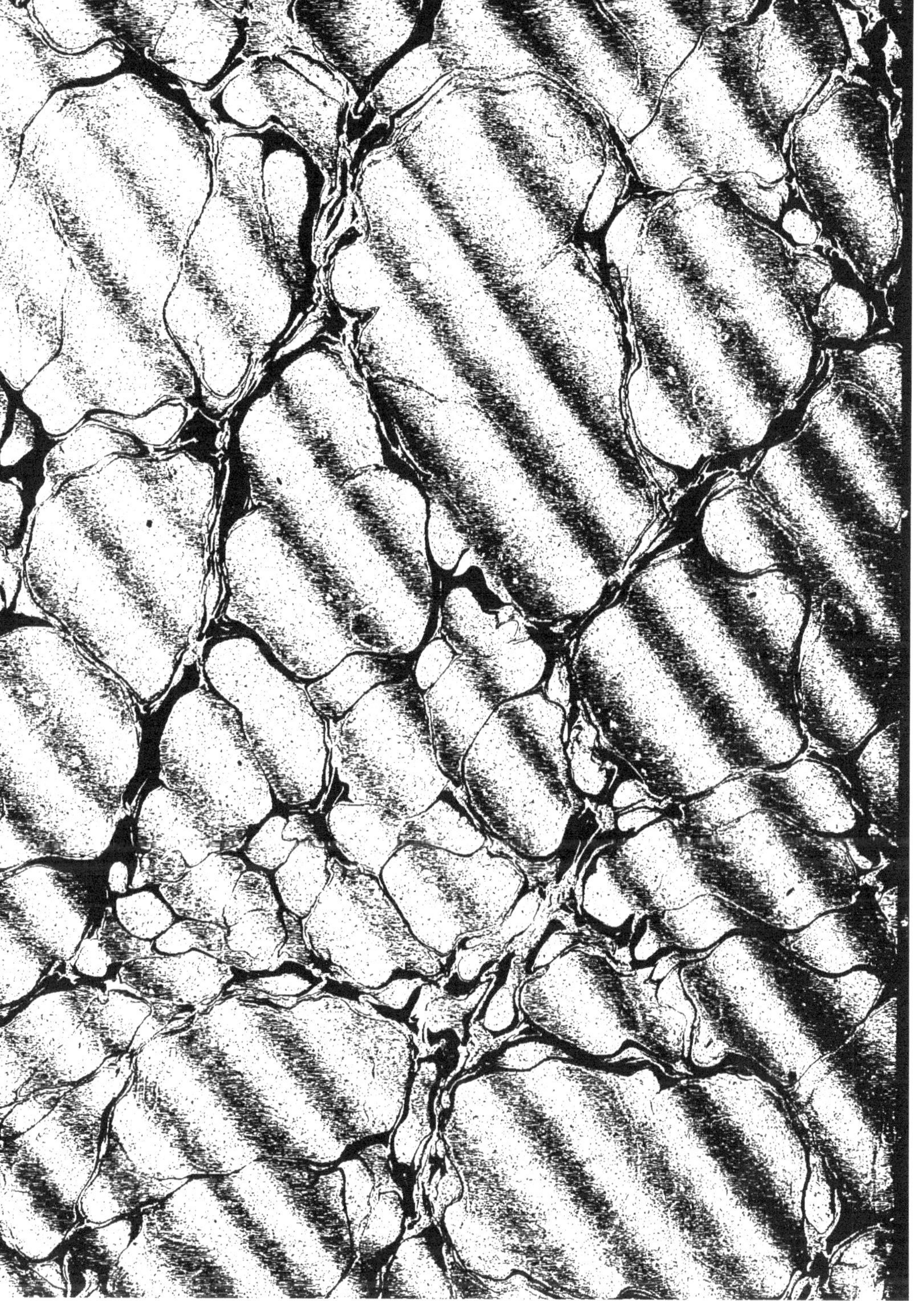

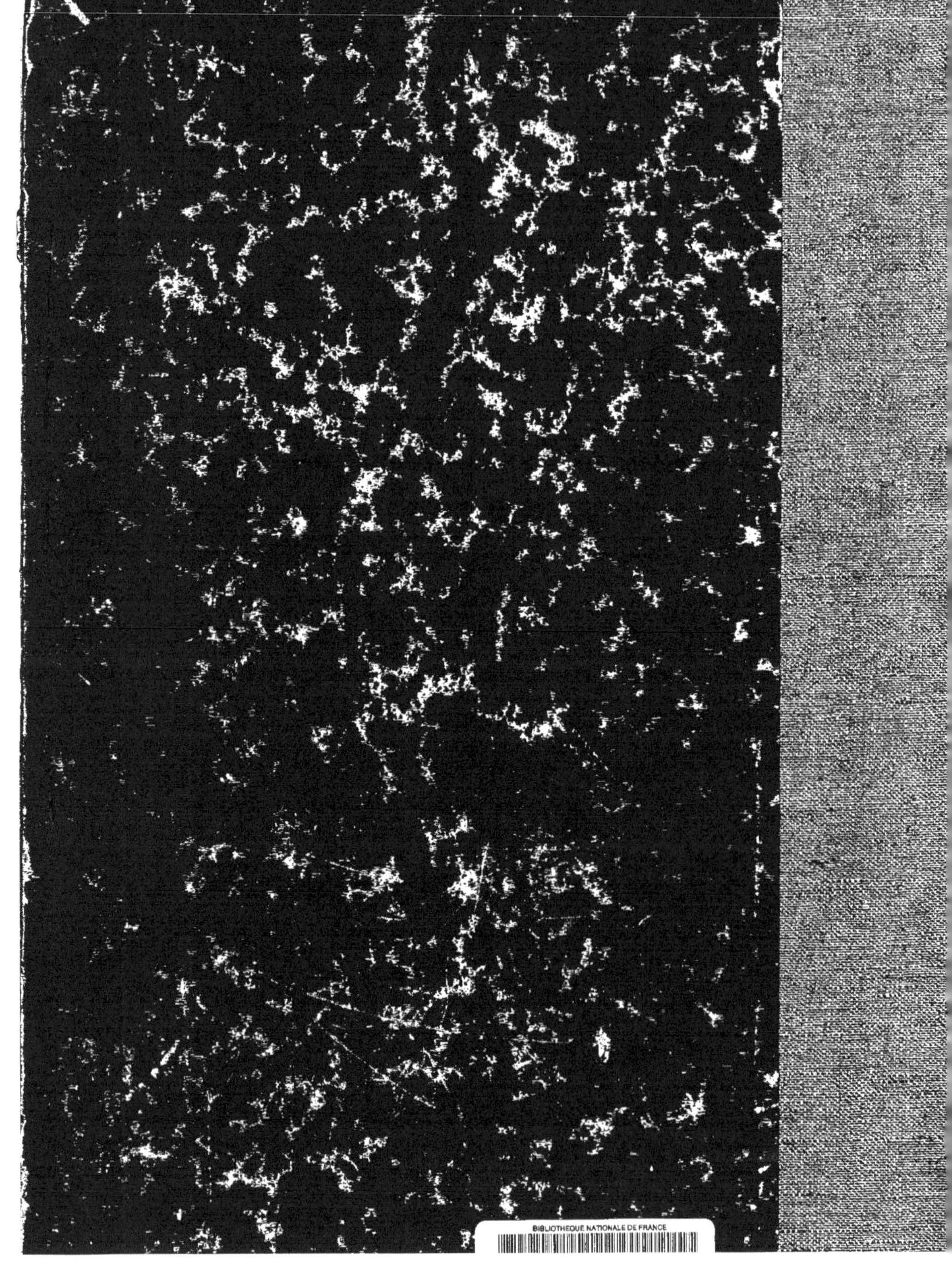

www.ingramcontent.com/pod-product-compliance
Ingram Content Group UK Ltd.
Pitfield, Milton Keynes, MK11 3LW, UK
UKHW020248250726
13967UKWH00004B/1572